科学图书馆　发现与发明的里程碑

现代遗传学
——设计生命

Modern Genetics

[美] 丽莎·扬特　著　邹晨霞　译

上海科学技术文献出版社

图书在版编目（CIP）数据

现代遗传学 /（美）丽莎·扬特著；邹晨霞译. —上海：上海科学技术文献出版社，2011.1
（科学图书馆. 发现与发明的里程碑）
ISBN 978-7-5439-4585-2

Ⅰ. ① 现… Ⅱ. ①丽… ②邹… Ⅲ. ①遗传学—普及读物 Ⅳ. ① Q3

中国版本图书馆 CIP 数据核字（2010）第 235455 号

Milestones in Discovery and Invention: Modern Genetics

图字：09-2007-775

责任编辑：于 虹
美术编辑：徐 利

现 代 遗 传 学
——设计生命
[美] 丽莎·扬特 著
邹晨霞 译
*
上海科学技术文献出版社出版发行
（上海市长乐路 746 号 邮政编码 200040）
全国新华书店经销
江苏常熟市人民印刷厂印刷
*
开本 660×990 1/16 印张 11 字数 180 000
2011 年 1 月第 1 版 2011 年 1 月第 1 次印刷
ISBN 978-7-5439-4585-2
定价:20.00 元
http://www.sstlp.com

内容简介

《现代遗传学——设计生命》介绍了 20 世纪在遗传学领域取得的重大成果及作出主要贡献的相关科学家。全书以标志现代遗传学的伟大发现——詹姆斯·D. 沃森和弗朗西斯·克里克解开 DNA 双螺旋结构之谜为开端，依次介绍了基因工程技术的发明、癌症基因的发现、基因疗法的沉浮、对遗传病致病基因的探索、长生不老的梦想、多利羊和克隆技术、胚胎干细胞研究、转基因食品的是是非非，以我国科学家参与完成的人类基因组计划结束。全书图文并茂、内容丰富，实为科普佳作。

目　　录

前　言

现代科学与发明的关键性进展建立在一些看似简单却具真知灼见的想法之上，那就是——科学技术与人们的生活息息相关。事实上，它们也正是我们探寻这个世界的秘密、重新塑造这个世界的一部分，也在某种程度上改变了人类的生活。

在一百多万年前，现代人类的祖先开始将石块制成工具，这样他们便可与周围的食肉动物竞争。大约从 3.5 万年之前开始，人类开始在岩洞的石壁上绘制精美的壁画与其他手工艺品，这些都表明技术已与人们头脑中的想象、与人们所操的语言交融在一起，一种崭新的躁动难安的艺术世界的帷幕渐次拉开。人类不仅仅在塑造着他们所处的世界，还用艺术的方式去表现它，用自己的头脑去思考，思考世界的本真及其含义。

技术是文化的基本组成部分。许多地方的神话传说中都有一个叛逆者的形象，他轻而易举地摧毁了既定的顺序，而代之以令人耳目一新的、饱含颠覆性的可能。在许多神话里，都可提炼出这样一个例子：一个叛逆者，例如一只来自美国的山狗或是乌鸦，从上帝那儿偷来了火种，并将它交到人类手上。所有的技术工具，无论是火、电还是锁在原子与基因中的能量，都如同一把双刃剑，仿佛从那个叛逆者手中接过来似的，它们发出的能量既可以治愈人类的创伤，又可以给人类致命的一击。

一个技术的发明者常常会从科学发现中寻找灵感。就像我们所知道的一样，当今的科学远比技术要年轻，回溯历史，便可发现它起源于大约 500 年前的文艺复兴时期。在那个时期，艺术家与思想家们开始系统地探寻自然的秘密；而第一个现代科学家，例如列奥纳多·达·芬奇（Leonardo da Vinci，1452—1519）与伽利略·伽利莱（Galileo Galilei，1564—1642），在一些器具的帮助下，通过做实验，拓展了人们对于物体在空间中的位置的认识。紧接着，一场革命性的解放运动轰轰烈烈地展开了,最具代表性的则是以下几位天才:在机械制作与数学方面有着卓越贡献的艾萨克·牛顿(Isaac Newton,1643—1727);发现生物进化规律的查尔斯·达尔文(Charles Darwin,1809—1882);在相对论与量子物理方面有着开创性贡献的阿尔伯特·爱因斯坦(Albert Einstein,1879—1955)以及现代基因学的鼻祖詹姆斯·D.沃森(James D. Watson,1928—)和弗朗西斯·克里克(Francis Crick,1916—2004)。当今科技领域新出现的基因工程、微缩工艺以及人工智能等各领域都有着能够独当一面的主导者。

像牛顿、达尔文以及爱因斯坦这些鼎鼎大名的名字都能够紧密地与那些科技革命联系在一起,这些革命代表了现代科技中作为个体的人的重要性。这一系列的每本书都遴选了10余位在科学技术方面作出杰出贡献的先锋者,并将目光集中在他们的人生与成就上。每一本书都开辟了一个新的领域:海洋科学、现代遗传学、现代天文学、法医学与数学模型。尽管最早的开拓者起到了重大的作用,但这套书所论述的重点则是20世纪以来甚至是当今的研究者们。

每一卷的传记都按照一定的顺序排列,这种顺序反映了作为个体的研究者们的重大成就的变化过程,但是他们的人生经历常常是枝蔓缠绕,不那么容易一下子看清的。每个人的具体成就都离不开他们当时所处的环境,也离不开他们工作中的协作者以及给他们的研究提供帮助的外界力量。牛顿有一句名言:"倘若说我能(比其他人)看得更远,那是因为我站在巨人的肩膀上。"每一位科学家或发明家的成就都不是无源之水,而他们甚至要经过一个跟前人暗暗较劲的过程才能超越他们。作为个体的科学家与发明家也与他们的实验室的其他同事乃至别的地方的人发生着种种联系,有时还得益于广泛的集体的努力,例如20世纪末启动的政府赞助与私人赞助,它们为人类基因组的研究提供了一些细微的帮助。科学家与发明家们不但影响着经济、政治与社会力量,反过来也受着它们的影响。在本书所属的这个系列中,科学和技术活动与社会制度的发展之间的关系也是一个重要的议题。

在传记之外,本书还备有扩展材料,提供了另外一些特定的研究对象。每一章后面都附了一份年谱以及扩展阅读的建议。除此之外,在每本书的末尾还附有学科发展年表。在书中还插入了以下一些工具条,以便给我们提供一种更好的视角,从而更快地进入到那个由科学家与发明家共同构建的世界中去:

相关链接：描写一些具有个性特征的工作与科技发展的联系

亲历者说：为发现与发明提供第一手资料

争论焦点：对由发现与发明所引起的科学或伦理问题的探讨

其他科学家：描述的是一些在这项工作中起到重要作用的人

相关发明：展示了一些与之类似的或相关的发明

社会效应：提供了有关发明创造对我们所在的社会或个人生活的影响的相关讯息

科学成果：解释了一名科学家或发明者如何应付一项具体的技术上的难题或者说挑战

未来趋势：描述了随着时间的变化，这些技术所发生的进展，相关的一些数据也在此处被公布

在这套书中，我们讲述的是人类不断寻求真理、勇于探索、不懈创新的故事，我们也希望亲爱的读者能够被这些故事所吸引、鼓舞，得到一种潜在的力量。我们希望能够给读者铸造一座桥梁，一起走进科学与发现、发明的世界，并且能够尽情游弋于这个广阔的世界中，在其中找到内心更深刻的共鸣。

鸣 谢

感谢本书中介绍的科学家们回答问题并评阅自己的章节，还有许多科学家的助手们，他们耐心地传递信息、发送照片（有时候不止一次）、许可表格和别的材料。我还感谢编辑弗兰克·K.达姆斯塔特（Frank K. Darmstadt）的帮助和幽默诙谐；谢谢我的猫，既没有捣乱把电脑从我的膝头弄到地上，还提供喵喵声；还有最重要的是，感谢我的丈夫，哈里·亨德森（Harry Henderson）给我的无限支持、爱和其他令生活美好的东西。

简　　介

"任何充分先进的技术跟魔术没什么区别。"

——科幻小说作家阿瑟·C.卡拉卡(Arthur C. Clarke)

许多人喜欢欣赏魔术。聪明的艺术家看上去能让丝巾和鸽子凭空出现然后突然消失;还能让人在被锯开两半后毫发无损,或者自个儿从枷锁重重的箱子中逃生。有魔术表演的夜晚总是那么开怀。

不过,人们对魔术师的态度却是复杂的。一直以来,大众对自称魔术师的人既敬畏又怀疑。"魔术"仅仅只是一种幻象或者小技巧,还是起源于真正的超自然能力?魔术师会让人人美梦成真,还是发出邪恶的诅咒祸害人间?对魔术的争议其实来源于魔术师从不透露他们是怎么做到的。即使有人试图说明,很多人还是难以理解。

对于那些运用科学知识发明创造的科学家和工程师,很多"摩登新人类"也抱着这种复杂的态度。他们觉得这些人像魔术师一样神奇,而科学家的"小窍门"也一样高深莫测。因为这些原因,有的人被希望或恐惧冲昏了头脑。有的人相信科学家和发明家将带来世界和平,清洁且廉价的能源,还能解决许多许多其他问题。另一些人相信这些科学家发明家会招来瘟疫和环境灾难。无论是希望还是恐惧,公众普遍认为科学技术人员在"玩弄上帝",就像魔术师曾受到的指责。

遗传学及其技术分支常常被叫做基因工程或者生物技术,这门科学唤起了人们极大的渴望和恐惧,在这方面,只有能够制造原子弹的核物理知识可以与之相提并论。所有科学家、遗传学家和基因工程师(分析改造控制生物体形成和发展的遗传信息的人)似乎掌握着魔力。

基因工程之孰新孰旧

很多人认为基因工程是近代产物，在严格意义上说是这样的。基因成为一个科学领域只是近一百多年来的事。研究人员在物理和化学层面了解基因只有短短50年时间，而能够直接改造基因则只有上述一半的时间。

但是另一方面，对基因的研究，甚至是基因工程，都像人类一样古老。人们一直都注意到家庭成员长相相近，比如说有同样的头发颜色和眼睛颜色。有的孩子还继承了父母的某些特性，如歌唱天赋或者急躁的脾气。这些性状似乎一代传一代。我们看到的这些相似就是基因造成的。

除了上面说到的，古代的农夫和牧羊人还注意到，如果用生长迅速或者抗病力强之类的性状较好的动植物繁殖下一代，有很大机会得到同样好的品种。人类选择自己的伴侣时也会注意健康或者强壮之类的因素。在决定繁衍下一代的过程中，个体都无意识地被基因操控着。

科学家在19世纪中期开始系统地研究遗传现象。1859年，英国生物学家查理·达尔文(Charles Darwin)在《物种起源》(On the Origin of Species)一书中提出，自然的进化过程本质上与动植物的进化过程一样。达尔文写道，生物的性状随机变化，但是物竞天择，适者生存。达尔文的自然选择学说在那个年代引起了巨大的争论，不过现在的科学家都接受了这个理论。

几年后，一位奥地利修道士格雷戈尔·孟德尔(Gregor Mendel, 1822—1884)，为达尔文的进化论提供了一个精准的解释。通过在修道院的花园中杂交豌豆，孟德尔发现了亲代与子代之间，例如高矮或种子颜色之类性状的遗传定律。

孟德尔的工作1866年发表在一篇论文中，那时并不为人所知，直到3位欧洲科学家在20世纪早期独立地重新发现了这个定律。这3位科学家和其他学者一道继承并发展了孟德尔的发现，建立了一门全新的科学——遗传学，这个名字是由英国生物学家威廉·贝特森(William Bateson, 1861—1926)提出的，他本人研究性状是如何遗传的。即使早期没人知道基因究竟是什么，那时的遗传学家还是选择了“基因”一词，作为传承某一种性状的最小单位。

1910年，哥伦比亚大学的托马斯·亨特·摩尔根(Thomas Hunt

Morgan,1866—1945)和同事们进行了果蝇繁殖实验,证明遗传信息由染色体携带。成对的(人类有23对染色体)微小的“有颜色的东西”存在于细胞核中,或者是细胞的中心位置。染色体在细胞分裂前会自我复制,所以每个新细胞都有一套完整的染色体。摩尔根小组证明如果某个基因变了,或者发生了突变,在实验中就会观察到果蝇出现不正常的眼睛颜色,这个发生了变化的基因一定位于决定果蝇性别的染色体上,因为只有雄性果蝇的眼睛颜色会突变。雄性动物有一种被称为Y染色体的染色体,雌性动物是没有的。

摩尔根的工作告诉世人基因在哪里。可是科学家们还是不知道染色体中的什么成分是基因,基因复制和遗传的化学过程是怎样的。他们意识到如果不解开这些秘密就无法理解基因是怎么起作用的。本书的起点就是对基因化学本质的探索。

翻天覆地的50年

“发明与发现的里程碑”系列丛书中的《现代遗传学》,讲述了最近50年来最杰出的14位遗传学家和基因工程学家,这50年的起点是1953年DNA(脱氧核糖核酸,生物体遗传密码的载体)结构的发现,终点是2003年人类基因的完全破译。詹姆斯·D.沃森(James D. Watson)和弗朗西斯·克里克(Francis Crick)通过揭示DNA分子的结构开辟了现代遗传学领域,DNA的结构揭示出DNA分子怎样复制和编译遗传信息。在这项工作的基础上,20世纪60年代,克里克和同事们成功破译组成DNA密码的单个化学“字母”,并说明了遗传密码怎样指导蛋白质合成,而蛋白质则是执行细胞生理活动的主要物质。

1973年,赫伯特·波意尔(Herbert Boyer)和斯坦利·N.科恩(Stanley N. Cohen)宣布基因不仅可以通过杂交间接的改变,还可以通过生物化学操作直接改变。他俩还把一种生物体的基因物质转移到另一种生物体内,发现这些原材料在新地方也能制造出正常的蛋白质。也就是说,他们发明了基因工程。波意尔还率先将基因工程用于工业生产,创立了基因工程技术公司(Genentech),世界上首家生物技术公司。

与克里克和沃森的发现不同,基因工程很快就吸引了科学家和非科学家的关注。例如,作家杰里米·里夫金(Jeremy Rifkin),他还是经济趋势基金(the Foundation on Economic Trends)的主席,警告世人这种新技术可能会创造出导致瘟疫泛滥的微生物或是别的危险的生命形式。许多后来的基因工程项目都受到伦理学家、宗教领袖、政治家之类的非议。

在波意尔和科恩实验成功的若干年后，迈克尔·毕晓普(Michael Bishop)和哈罗德·瓦穆斯(Harold Varmus)发现了癌症——人类最恐惧的疾病之一的遗传学基础。在病毒中发现了能使动物患上肿瘤的基因，不过，毕晓普和瓦穆斯在1976年发现这些致病基因并不起源于那些会造成感染的微生物。实际上，癌症的致病基因是发生了病变的正常细胞基因。后来，研究人员在肿瘤中找出了许多与癌症有关的基因，这样一来，就有可能开发出控制基因活动的药物。

弗伦奇·安德森(French Anderson)摸索出一套控制基因问题更直接的方法：修补或替换有缺陷的基因。1991年，安德森和同事将正常基因插入一个病童的血细胞中，这个基因产生一种对免疫系统起关键作用的化学物质，这个孩子正是因为缺少这种物质患了一种罕见的遗传病。这次治疗，对人类进行的首次基因治疗，让这个小女孩恢复了健康。与此同时，南希·韦克斯勒(Nancy Wexler)等人正努力找出造成亨廷顿症之类的遗传病的变异基因，这种带来大脑损坏的遗传病困扰着韦克斯勒家(译者注：亨廷顿症是一种致死的慢性神经退化疾病，患者会出现认知衰退、精神抑郁、运动功能失常等病症，由于患者会出现无知觉的手舞足蹈，又叫亨廷顿舞蹈症，目前尚无任何有效的治疗手段)。1993年，在几个研究小组的共同努力下，亨廷顿症的致病基因找到了。同年，辛西娅·凯尼恩(Cynthia Kenyon)找出了延长线虫寿命的基因，这表明基因变化不仅仅引起遗传疾病，而且与普通疾病及衰老都有关系。

没人反对以改造基因的方法治疗或预防遗传病，但是有人担心安德森首创的这种基因改造技术会抹煞人类的正常变化，或者创造出商品化的“设计宝宝”。伊恩·威尔默特(Ian Wilmut)1997年用一个成熟的细胞克隆了一只绵羊，1998年，詹姆斯·汤姆森(James Thomson)从人类胚胎(处于发育早期阶段的生物体)中分离出的细胞可能可以制成任何人体组织，这些科学进展唤起了人们对人性的担忧。许多评论者认为，这两个人的工作都提高了克隆人类的可行性，虽然他们两人都不赞成克隆人。

1998年，德裔瑞士科学家因戈·伯特利科斯(Ingo Potrykus)，运用基因工程改造水稻，使稻米含有一种营养物质，许多不发达国家的小孩普遍缺乏这种营养物质，这项工作遭遇了另一种非议。伯特利科斯说他希望大米成为对付营养不良的武器，批评者则认为农业生物技术公司计划用大米迫使世界接受转基因食物。

最有争议的项目可能是人类基因组计划，这项浩大的工程旨在测定人类的全部遗传信息。在这项工程接近尾声时，媒体的注意力都集中到了弗朗西斯·柯林斯（Francis Collins）和克雷格·文特（Craig Venter）两人身上，柯林斯领导政府资助的国际合作项目，而身兼科学家企业家两职的文特，领导一个私人公司开展这个项目，声称可以做得更快、更便宜。一旦工程完工，所有的争论都集中到了这些基因信息的用途上。观察家认为了解人类基因可以医治更多的疾病，也可能会带来基因歧视，或者两者兼而有之。

脱掉魔术的外衣

绝大多数奋斗在遗传学和基因工程的科学家和发明家都欢迎真诚的讨论。他们常常思索自己的工作会带来什么，他们也希望别人想一想这个问题。但是，科学家和他们的支持者都认为，在任何理性讨论之前，人们都必须将他们与魔术师区分开来，他们并不拥有秘笈和神力。普通大众有必要了解"基因魔术"的奥秘和这种技术的本领与局限。大众只有在亲身了解这看似魔术的知识后，才能深思熟虑做出决定，决定我们怎样理解这些神奇的力量，决定我们怎样利用这种力量描绘美好生活的蓝图。我衷心地希望本书对这方面的教育有所贡献。

1 生命密码

——弗朗西斯·克里克、詹姆斯·D. 沃森与 DNA 结构

参加体育比赛——特别是奥运会之类的比赛，得到冠军就能一夜成名——这绝非易事。如果参赛者必须在比赛时把眼睛蒙起来，可以想象任务将更加艰巨。参与发现脱氧核糖核酸（DNA）结构竞赛的科学家们面临同样的挑战。

只有几位"参赛选手"参赛。早在 20 世纪 50 年代，当这场竞赛刚刚开始的时候，大多数极具潜质的选手都对这项工作不屑一顾。研究人员多年前已经发现染色体，人们也知道这些细胞核里的小东西由蛋白质和核酸这两种复杂的化合物构成，染色体还携带遗传信息（基因）。蛋白质和核酸两种物质中其中一种必定携带信息，密码以某种方式存在于分子结构中。那时，科学家都认为蛋白质是基因的载体。蛋白质，由 20 种分子更小的氨基酸组成，这样就有无数种组合组成蛋白质分子。瑞士化学家约翰拿·米歇尔（Johann Miescher）1869 年发现核酸，但是人们对这种物质的了解十分有限。不过，生物化学学家已经知道核酸只包含 4 种不同的亚结构，或者说碱基。一个由 4 个字母组成的"字母表"所提供的组合显然远远比不上 20 个字母提供的。所以那时的科学都认为研究核酸的分子结构不是当务之急。

神秘的分子

有一小部分的分子生物学家——他们研究生物体内分子的结构和活

沃森和克里克融洽的关系有助于他们1953年在英国剑桥大学一同解开DNA的结构。(图片6.1,冷泉港实验室(Cold Spring Harbor Laboratory)档案,沃森集)

动,这个科学领域相对较新,认为蛋白质的支持者是错的。他们注意到一个实验,1944年纽约洛克菲洛研究所(New York's Rockefeller Institute)的研究员奥斯瓦德·艾弗里(Oswald Avery)将从一种致病细菌中提取的DNA与无害的类似的活细菌混合,这些无害细菌的后代却能引起疾病。实验结果强烈暗示DNA、核酸才是遗传信息的携带者,这些遗传信息不知何故被无害细菌整合进了自己的遗传材料中。

相信艾弗里实验的分子生物学家意识到,为了了解DNA如何自我复制和传递遗传信息,他们必须探索DNA分子的结构。而且,他们是"蒙着眼睛"开始的,因为之前几乎没有任何线索引导他们。

研究人员已经知道每个DNA分子都含有许多个碱基,但种类只有4种,这4种小分子是腺嘌呤、胞嘧啶、鸟嘌呤和胸腺嘧啶。这种分子还含有至少一根"脊柱",由糖类和磷酸盐交替组成的相似的长链分子。帮助化学家分析分子结构的X射线晶体照相结果显示,骨架分子的形状像一个线圈,或者是螺线管。在20世纪40年代末,澳大利亚裔生化学家欧文·查格夫(Erwin Chargaff)发现每个DNA分子中胞嘧啶与鸟嘌呤的总量相等,腺嘌呤和胸腺嘧啶的总量也是相等的。但是,没人知道每个

DNA 分子有多少股骨架，也没人知道在分子内骨架和碱基是怎么组合的。

比赛开始

1951 年，一共有 3 组分子生物学家接受挑战，一组在美国、两组在英国开始寻找 DNA 分子结构。加州理工学院（California Institute of Technology）的化学家莱纳斯·鲍林（Linus Pauling）领导美国的小组。鲍林早先因为发现蛋白质分子的基本结构而扬名，蛋白质分子的结构就是螺旋形的。

英国的一个组在伦敦的国王学院（King's College）。来自新西兰的生物物理学家莫里斯·威尔金斯（Maurice Wilkins）领头，X 射线晶体照相专家、英国化学家罗莎琳德·弗兰克林（Rosalind Franklin）与他一同工作。可惜，弗兰克林和威尔金斯这两位聪明的科学家并不能和睦共事。

英国的另一个组是剑桥大学的两位研究人员，一个是美国科学家詹姆斯·D. 沃森（James Dewey Watson），另一个是英国科学家弗朗西斯·哈利·康普顿·克里克（Francis Harry Compton Crick）。两人中年龄较小的詹姆斯·D. 沃森，1928 年 4 月 6 日生于芝加哥，15 岁时作为特招生入读芝加哥大学。最初他打算研究鸟类，但是当 1947 年获得动物学学士学位时，物理学家欧文·薛定谔（Erwin Schrodinger）所著《生命是什么》（What Is Life?）一书，把沃森的兴趣引向遗传学和可能有某种分子携带遗传信息一事。1950 年，沃森在布卢明顿市（Bloomington）的印第安纳大学获得博士学位，其间的工作内容是病毒的遗传学。

1951 年春，沃森在欧洲继续研究工作时遇到了威尔金斯。沃森那时已经被 DNA"迷住"了，而且他确信 DNA 分子的结构就是解开基因传递遗传信息之谜的钥匙。当威尔金斯告诉他可以用 X 射线照相术研究 DNA 后，沃森意识到 DNA 分子结构是有序的，周期重复的。1990 年《当代人物传记年鉴(1990)》(Current Biography Yearbook)引用沃森本人的话语，说他当时确信 DNA 的形状将会是"简单而优美的"。

1951 年秋，23 岁的沃森来到剑桥的卡文迪许实验室，这个实验室的研究人员用 X 射线晶体照相法研究蛋白质分子。他在那里遇到了 35 岁的英国科学家弗朗西斯·哈利·康普顿·克里克。克里克 1916 年 6 月 8 日生于英国北安普敦郡（Northampton），是一个鞋子制造商的儿子，遇到沃森时，克里克还没获得博士学位，1937 年克里克在伦敦大学学院(College University)获得物理学学士学位，不幸的是第二次世界大战中断了他的科学生涯。当他再次求学时，他的兴趣已经转向了生物学。

来自新西兰的生物物理学家威尔金斯领导伦敦国王学院的小组，在发现 DNA 结构的比赛中与沃森和克里克一争高下。(国家医学图书馆，National Library of Medicine，照片 B09719)

"我……很快发现与克里克谈话很有意思"，《当代人物传记年鉴》引述沃森的话。而克里克这方面，在他的自传《狂热的追求》(What Mad Pursuit)中写道："吉姆(译者注：沃森的昵称)和我一拍即合，一部分是因为我们的兴趣惊人的相像，而另一方面，我猜，大概是因为我们都是那种年轻轻狂、无法无天，对散漫的思索毫无耐性的人。"

他们两人最大的共同兴趣就是 DNA。他们清楚地知道发现 DNA 的结构能让他们成名——如果他们在国王学院和加州理工之前完工。

沃森和克里克主要通过思考和讨论解决这个科学问题。他们也建立可能的分子结构模型，就像鲍林解开蛋白质分子结构时那样做的。模型让他们可以从三维方向观察可能的 DNA 分子结构。

赢得发现

"在(科学)发现的过程中"，N. A. 泰雷(N. A. Tiley)在讲述关键性的 DNA 研究《发现 DNA》(Discovering DNA)一书中引用现代著名的科学史学家贺瑞斯·弗里兰·贾德森(Horace Freeland Judson)说的，"一个特殊的时刻来临了：疑云密布的地方，答案的轮廓若隐若现——至少一个明确的问题形成了。"1953 年的早些时候，DNA 竞赛的疑云确实有所消散。沃森和克里克在 1952 年末做出对 DNA 结构的初步猜想，不过弗兰克林证明他们错了。弗兰克林坚持认为这种分子的外形不可能是螺旋形的，这个想法最后看来也是错的。后来，鲍林在 1953 年 1 月宣布 DNA

分子有 3 个螺旋形的骨架。这个结论很快也被证实是错的。

对沃森来说，DNA 形状之谜的答案 1953 年 1 月 30 日浮出水面，那天，他去国王学院拜访威尔金斯。虽然两人在 DNA 竞赛中争夺激烈，但他们成了好朋友。威尔金斯给沃森看了一些弗兰克林拍的 DNA 的 X 射线照片。

沃森看了那些照片，那些照片比他之前见过的任何照片都清楚，"我惊呆了，谜团开始解开了"，他后来在记录 DNA 发现过程的回忆录《双螺旋》(The Double Helix)中写道。他意识到，DNA 分子很可能有两条平行的螺旋形骨架。

沃森匆忙赶回剑桥，向克里克描述那些照片。当他们对骨架问题的答案满意后，他们的注意力很快转向第二个重大问题：碱基在分子中是怎样组织的。克里克得出结论，碱基必须在骨架内侧，在骨架间像螺旋形梯子的台阶那样伸展开来。最初，沃森觉得碱基可能是同类型的成对出现的——例如腺嘌呤和腺嘌呤组成对出现，但是这与已知的骨架间的空间尺寸不符。

科学成果：　X 射线晶体照相法

英国物理学家劳伦斯·布拉格(Lawrence Bragg)1912 年发明了 X 射线晶体照相法。这种技术用一束 X 射线穿透固体。某些射线会被固体中的原子反弹回来，因此这些射线成角度地打在固体另一侧的照相底板上。底板上的照片在光亮的背底上显现出一组黑点或者黑色痕迹的图案。由专家解读后，这种照片揭示分子中原子的三维分布——换句话说，就是分子的结构。

最初，布拉格和同事仅用 X 射线照相法拍摄结构有序的固体，晶体的结构是有序的。1934 年，另两位英国科学家德斯蒙德·伯纳尔(Desmond Bernal)和 W. T. 埃斯特博利(W. T. Astbury)用这种方法分析由大的复杂分子组成，没有形成晶体的物质，例如蛋白质和核酸。弗兰克林熟练掌握这门新技术。

弗兰克林和其他专家，例如桃乐茜·霍奇金(Dorothy Crowfoot Hodgkin)用 X 射线照相法分析出许多重要的生物分子的结构，包括在 20 世纪 30 年代和 40 年代找到的胆固醇和青霉素的结构。在 50 年代后，随着计算机承担起解释 X 射线照片所需的复杂数学运算后，人们可以解开更复杂的物质结构。

沃森实在是等不及新的金属模型完工了,他把硬纸板剪成小块模型,尝试各种组合。其中的两种碱基,腺嘌呤和鸟嘌呤比另两种大。成对的大碱基太大了,放不进相互缠绕的骨架之间,而成对的小碱基又太小了。沃森不断摆弄纸板模型,终于,他发现由一个大碱基腺嘌呤和一个小碱基胸腺嘧啶组成的一对,与胞嘧啶和鸟嘌呤组成的另一对大小性状完全一样。正如克拉克推测的那样,这两组碱基都可以完美的水平放入垂直的两列骨架之间。胞嘧啶与鸟嘌呤成对出现,胸腺嘧啶与腺嘌呤成对出现,这也印证了查格夫发现的 DNA 分子中,碱基数量的比例关系。沃森相信碱基之间形成的氢键能使之相互连接。

2 月 28 日早上,当克里克一回到他们公用的办公室,沃森马上给他看拼好的硬纸板模型。克里克马上意识到沃森的发现意味着两条骨架间碱基的序列,或者说碱基的排列顺序是互补的。如果已知其中一条骨架上碱基的序列,就可以预知另一条骨架上的碱基序列。

沃森和克里克撰写了一篇简短的论文描述他们提出的结构。那篇文章 1953 年 4 月 25 日刊登在英国久负盛名的科学杂志《自然》上。在论文结尾部分只有一句朴素的话语提到这个发现的重要性:“我们注意到,我们假设的这种特殊的成对组合暗示一种遗传材料可能的复制机制。”

DNA 是怎样复制的

1953 年 5 月 30 日,沃森和克里克的第一篇论文发表 5 周后,他们两人在《自然》杂志上发表了第二篇文章,解释第一篇文章中隐晦的话语。沃森和克里克认为,如果 DNA 分子承载遗传信息,当细胞分裂染色体数目翻倍时,DNA 分子必须能自我复制。他们相信 DNA 自我复制的关键在于分子互成镜像的结构。两人提出,在细胞分裂前夕,DNA 分子中成对碱基间氢键连接断裂,氢键连接较弱。每个分子沿纵向裂开,就像拉开拉链的过程。在细胞核中自由漂浮的物质中,每个碱基吸引与它成对的另一个碱基配对、与骨架片段组装。一个腺嘌呤分子总是吸引一个胸腺嘧啶,反之亦然,胞嘧啶和鸟嘌呤之间也是这样的。这个过程结束后,细胞核中就有两条与原先的 DNA 一模一样的 DNA 双链分子。细胞分裂后,两个子细胞都获得一套与原始细胞一模一样的 DNA。后来,实验证实了这套理论。

亲历者说： 生命的奥秘

在《双螺旋》一书中，沃森描写 1953 年 2 月 28 日，他向克里克描述他想到的 DNA 分子结构时的情形：

“弗朗西斯·克里克刚到，正推门而进时，我就忍不住说所有问题的答案都在我们手中了。虽然一如既往，他质疑了一小会儿，不过 A—T 和 G—C 确实有类似的形状。”

克里克开始亲自与沃森一起用硬纸板模型做实验，对沃森的结构提出许多修改意见。两人很快确信他们已经解决了 DNA 的问题，虽然沃森持谨慎态度。

“我们都知道直到模型完全建立，所有特征与 X 射线数据吻合后，我们才能回家[完全确信他们的模型是对的]。显而易见，它存在的意义实在是太重要了，容不得半点疏忽。午餐时，弗朗西斯飞奔进附近的老鹰酒吧，告诉周围的每个人我们发现了生命的奥秘时，我有点惴惴不安。”

沃森和克里克因发现 DNA 的结构荣获 1962 年诺贝尔生理学或医学奖。威尔金斯也获得这个奖项。弗兰克林没能获奖，因为她 1958 年已经去世了，诺贝尔奖从不颁给不在世的人。许多其他奖项也表彰了这个重大突破，这些奖项大部分共同授予沃森和克里克，包括 1960 年的拉斯克基础医学奖（Albert Lasker Award for Basic Medical Research）、1961 年的法国科学院的梅耶奖（Prix Charles Leopold Meyer）和 1962 年的美国国家科学研究合作奖（Research Corporation Award）。1977 年，沃森还荣获美国自由勋章（Medal of Freedom）和美国国家科学奖章（National Medal of Science）。

遗传密码

和沃森一同做出重大发现后，克里克在剑桥继续研究 DNA。1953 年，他在那个研究所获得博士学位。他想研究 DNA 分子怎样传递信息，这些信息怎样指导蛋白质合成，其他科学家已经证实在细胞中指导蛋白质合成是基因的主要任务。而蛋白质的行为，创造出生物体的不同性状。

1955 年，克里克和一位剑桥同事西德尼·布雷纳（Sydney Brenner）

DNA的结构

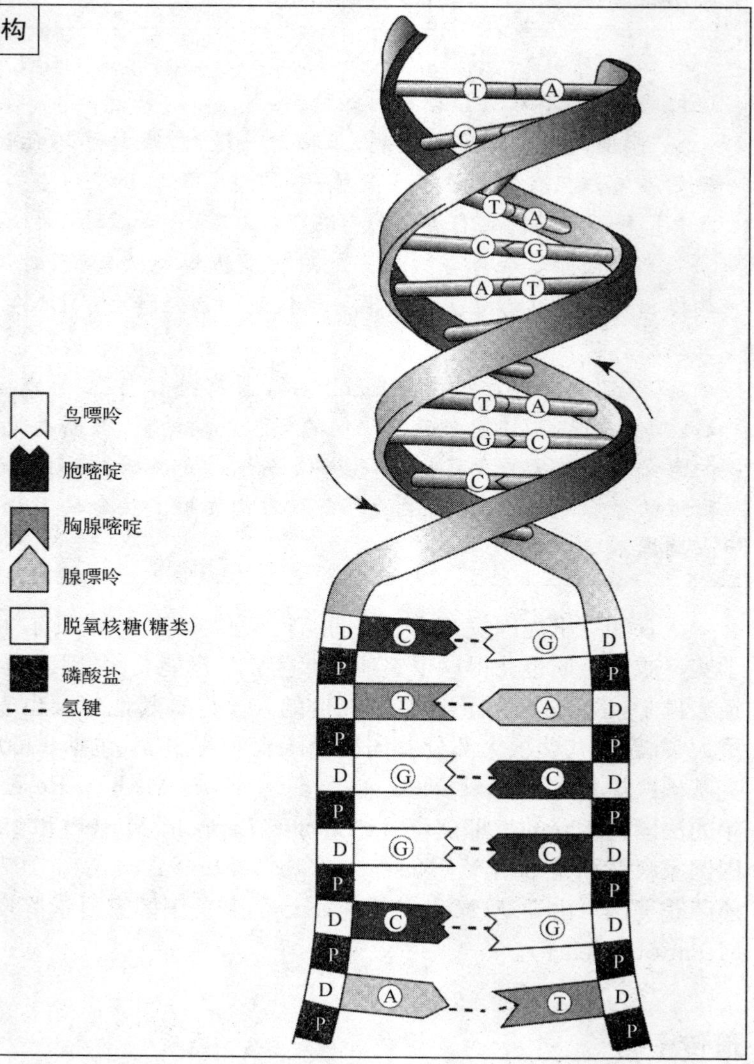

沃森和克里克1953年推导出脱氧核糖核酸(DNA)分子有两条“骨架”,由磷酸盐(P)和一种糖——脱氧核糖(D)两种更小的分子交替组成。两条骨架都呈螺线管形,或者说像线圈似的,缠绕在一起。在骨架的内侧,就像梯子的梯级部分,是4种叫做碱基的小分子。碱基总是成对出现,由氢键连接。腺嘌呤(A)与胸腺嘧啶(T)配对,胞嘧啶(C)与鸟嘌呤(G)成对。

DNA的复制

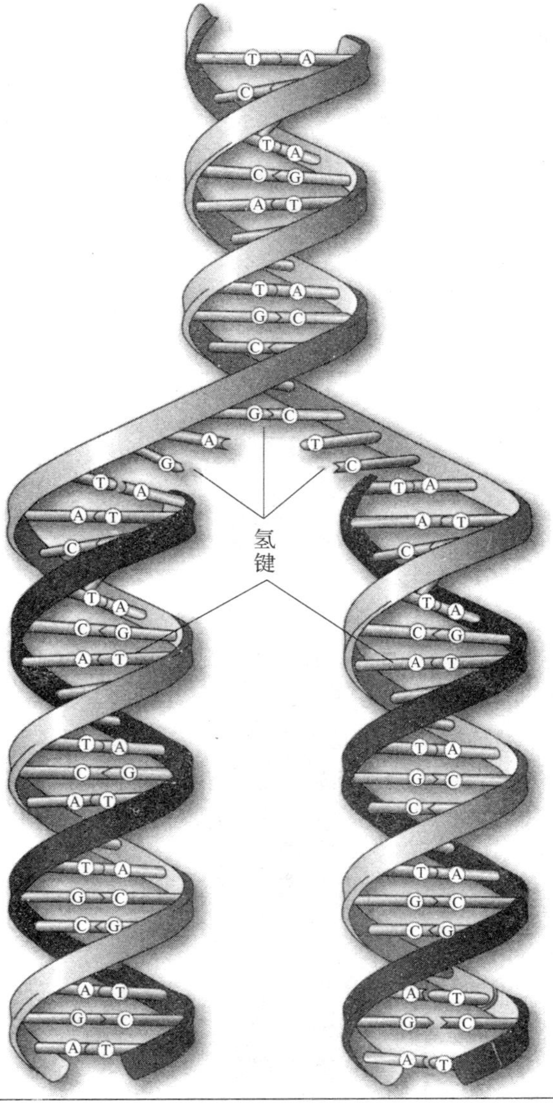

DNA的结构解释了它自我复制的本领。细胞准备分裂时，碱基间的氢键断裂，DNA分子在纵向像拉开拉链似的断裂。每个半个分子都从细胞中吸引碱基和骨架片段配对组装，形成同以前一样的碱基组。

提出，DNA 分子中的碱基序列像代码一样决定蛋白质分子中氨基酸的序列。他们还提出，每个编码“字母”，是一组 3 个特定顺序的碱基。因为有 4 种碱基，其中 3 个就有 64(4×4×4)种组合，远远多于氨基酸的 20 种。

其他科学家：　　罗莎琳德 · 弗兰克林

罗莎琳德・埃尔希・弗兰克林(Rosalind Elsie Franklin，1920—1958)1920 年 7 月 25 日生于伦敦。她富有的父亲最开始并不鼓励她对科学的兴趣，因为他相信高等教育和职业生涯会令妇女不幸福。在弗兰克林的坚持下，她终于在剑桥大学纽纳姆女子学院学习化学，1941 年毕业。第二次世界大战期间，弗兰克林为英国煤炭利用研究协会研究煤炭分子的结构，1945 年，基于这项工作，她获得剑桥的博士学位。

战后，弗兰克林在法国工作时学会 X 射线晶体照相法。她特别擅长用这项技术研究不能形成晶体的化合物，包括绝大多数生物化学物质。1950 年，她把这项专长带到了伦敦大学国王学院威尔金斯的实验室。威尔金斯希望弗兰克林拍摄照片，帮助小组找出 DNA 的分子结构。

弗兰克林的某些照片棒极了，其中一张帮助沃森和克里克解开了 DNA 结构之谜(弗兰克林责备威尔金斯在没有获得自己许可的前提下就向沃森展示这些照片，但是威尔金斯觉得，作为实验室的领导人，自己有权力这么做)。沃森和其他人都曾说，如果弗兰克林有一个她自己觉得可以无拘无束地分享各种想法的科研搭档，她也能解开 DNA 的结构。

弗兰克林大约在沃森和克里克发表他们的第一篇 DNA 文章时离开威尔金斯的实验室，去了伦敦大学的另外一个学院伯克贝克学院。之后，她将短暂的一生中其余的时间用于研究病毒的结构。

1958 年，弗兰克林死于卵巢癌，年仅 38 岁，这留下一个未解之谜，那就是她会不会跟沃森、克里克和威尔金斯分享 1962 年的诺贝尔奖。据弗兰克林的传记作者安妮・塞尔(Anne Sayre)说，弗兰克林在伯克贝克学院的上级，X 射线晶体照相术专家伯纳尔评论她：“作为一名科学家，弗兰克林小姐非常出色，每件事情都清晰完美。她拍摄的照片非常漂亮。”

蛋白质的合成

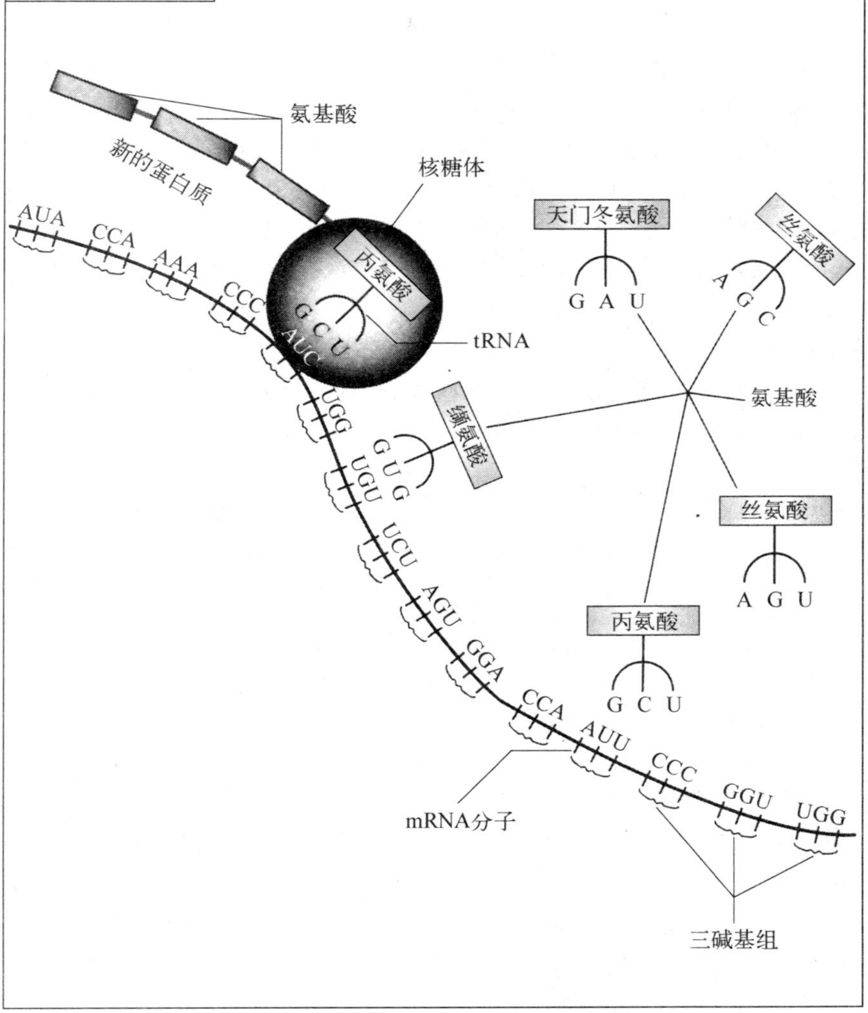

制造蛋白质的第一步，DNA 分子的一部分（一个基因）以自己为模板形成一条匹配的信使 RNA（mRNA）。信使 RNA 进入细胞质后，会吸引匹配的分子链较短的转运 RNA（tRNA），每个转运 RNA 拖拽一个氨基酸分子。在一种叫核糖体的细胞器官的帮助下，转运 RNA 分子与匹配的信使 RNA 定点结合，它们携带的氨基酸就组合形成蛋白质。

20世纪60年代早期,美国国家卫生研究所的马歇尔·尼伦伯格(Marshall Nirenberg)和其他分子生物学家“拆断”DNA编码,通过实验测定哪套三碱基密码代表哪种氨基酸。他们发现不同的三碱基组常常代表同一个氨基酸。一些其他小组标记各个基因的起点和终点(DNA分子包含数百或数千个基因)。1965年,科研人员编辑成一本包含所有64个三碱基的“字典”。

密码的细节已经找到了,克里克、布雷纳等人开始研究DNA用编码生成蛋白质的机制。克里克和布雷纳提出,DNA以RNA形式生成自己的拷贝(核糖核酸),RNA与DNA的不同之处在于骨架中存在另一种糖类,并以尿嘧啶取代胸腺嘧啶。DNA通常不能离开细胞核,但是被称为信使RNA的RNA副本可以转移到细胞质中,细胞质是细胞较外层的果冻状物质。

在细胞质中,克里克和布雷纳认为,信使RNA遇到小小的核糖体。核糖体沿着信使RNA滚动,从细胞质中吸引氨基酸,这些氨基酸正是翻译成三碱基“字母”的DNA密码代表的。克里克认为,那时他叫做适配分子(后来称为转运RNA)的物质会拖拽氨基酸到信使RNA正确的位置上。氨基酸随后连接成蛋白质。信使RNA和核糖体释放蛋白质分子至细胞中。布雷纳等研究人员在20世纪70年代早期证明这个理论基本正确。

分道扬镳

克里克终身从事科学研究。从20世纪60年代中期到70年代中期,他研究动物出生后的成长方式。1977年,他移居美国加利福尼亚拉霍亚(La Jolla)的萨克生物研究所(Salk Institute for Biological Studies),开始研究大脑。他的工作主要集中在理论方面,研究哺乳动物的大脑处理视觉信号的方法和梦中处理信息的方法。他还撰写不同主题的书,包括生命可能的起源和意识的本质等。2004年7月28日,克里克因癌症去世。

沃森与克里克相反,最后脱离实验室从事教学和行政工作。他在那项著名发现的不久后回到美国。接下来的15年,他主要研究RNA的结构和这种核酸在蛋白质合成中的作用,克里克也研究RNA的结构,虽然他们不再是搭档了。

1968年,沃森兼任纽约长岛冷泉港实验室(CSHL)主任。他1976年离开哈佛到冷泉港实验室全职工作。他带领这个著名的实验室走向现代化，建立美国第一个遗传学实验室，致力于从生物学角度研究癌症，癌症与遗传关系密切。1994—2003年，沃森担任冷泉港实验室主席，之后担任名誉主席。

沃森还有文学才能。他的DNA竞赛回忆录《双螺旋》成为1968年的畅销书。一些评论家批评他对别的科学家尖酸刻薄的描述，特别是弗兰克林，但是读者喜欢他活泼的文风和书中科学工作幕后的照片。威廉·马伦(William Mullen)2004年发表在《芝加哥论坛报》(Chicago Tribune)的文章提到，与发现DNA结构相比，沃森更为自己的书骄傲自豪。"DNA的结构无论如何会在两三年内被发现，"沃森说，"但是，我的书是我的作品，其他人无法取代。"沃森后来写了许多其他的书，包括第二本自传和一本备受好评的基因分子生物学教材。

1989年，沃森60岁时，美国政府委托他全面指导最新、最大的基因项目：国际人类基因组计划，也被誉为"生物学的登月计划"。沃森1992年退休，不过基本上，他仍然是基因组计划和基因研究强而有力的支持者。

《现代科学史中的同伴》(The Companion to the History of Modern Science)一书引用贾德森的话说："生物学的发展靠'开拓'"，而不是像物理学那样发生世界观的彻底改变。沃森和克里克DNA结构的发现星火燎原。丹尼斯·L.布来欧(Dennis L. Breo)在《美国医学学会期刊》(Journal of the American Medical Association，1993年2月24日)发表了一篇关于沃森和克里克的成就的文章，诺贝尔奖得主和科学史学家彼得·梅达沃(Peter Medawar)引用文中的话说，解开DNA的分子结构和在此基础上的后续工作组成了"20世纪最伟大的成就"。

生平年表

1869年	米歇尔发现核酸
1912年	英国物理学家布拉格发明X射线晶体照相术
1916年	6月8日，克里克生于英国北安普敦郡
1928年	4月6日，沃森生于伊利诺伊州芝加哥市

1944 年	艾弗里证明细菌暴露在纯 DNA 中,遗传性状会发生改变
20 世纪	40 年代末,查格夫发现 DNA 碱基数量之间的关系
1950 年	沃森获得布卢明顿市印第安纳大学博士学位
1951 年	春季,沃森遇到威尔金斯,了解到 DNA 的分子结构有重复性。秋季,在英国剑桥大学沃森遇到了克里克
1952 年	这一年的晚些时候,沃森和克里克提出一个尝试性的 DNA 结构,弗兰克林证明他们错了。弗兰克林坚持认为 DNA 分子的结构不可能是螺线管形的
1953 年	1 月,鲍林提出了一个不正确的 DNA 结构。1 月 30 日,威尔金斯向沃森展示了一些弗兰克林拍摄的 DNA 照片 2 月 28 日,沃森和克里克解出了 DNA 分子结构 4 月 25 日,《自然》杂志发表沃森和克里克的文章,描述他们提出的 DNA 分子结构 5 月 30 日,《自然》杂志刊登他们的第二篇文章,提出 DNA 分子自我复制的机制。同年晚些时候,克里克获得剑桥大学恺撒学院的博士学位
1955 年	克里克和布雷纳提出 DNA 的碱基序列就是组装蛋白质的密码,密码的每一个"字"包含特定顺序的 3 个碱基 克里克和布雷纳提出 DNA 通过中间分子 RNA 指导蛋白质合成机制
1956 年	沃森去哈佛大学执教
1958 年	弗兰克林因卵巢癌去世
1961—1965 年	尼伦伯格等人破译了基因密码。布雷纳证实了 DNA 指导蛋白质合成的过程
1962 年	沃森、克里克和威尔金斯因发现 DNA 结构,分享诺贝尔生理学或医学奖
1968 年	沃森兼任冷泉港实验室主任一职;沃森讲述发现 DNA 结构的回忆录《双螺旋》出版并畅销

1976 年	沃森离开哈佛,到冷泉港实验室全职工作
1977 年	克里克移居美国加利福尼亚拉霍亚的萨克生物研究所,开始大脑的理论研究
1989 年	沃森被任命为人类基因组计划的首席主任
1992 年	沃森辞去人类基因组项目负责人一职
1994 年	沃森任冷泉港实验室主席
2003 年	沃森辞去冷泉港实验室主席,出任这个研究所的名誉主席
2004 年	7 月 28 日,克里克逝世

扩展阅读

图书:

弗朗西斯·克里克著,《狂热的追求》(What Mad Pursuit)。纽约:基础读物出版社(Basic Books),1988 年。克里克的自传,包括他回忆发现 DNA 结构一事。

爱德华·爱德森(Edelson, Edward)著,《弗朗西斯·克里克和詹姆斯·D. 沃森与生命基元》(Francis Crick and James Watson and the Building Blocks of Life)。纽约:牛津大学出版社,1998 年。为高中生编写,收录所有著名发现。

嘉纳·C. 弗莱德伯格(Friedberg, Errol C.)著,《詹姆斯·D. 沃森的写作生涯》(The Writing Life of James D. Watson)。纽约:冷泉港,冷泉港实验室,2004 年。纵览沃森撰写的书籍和散文。

贺瑞斯·贾德森(Judson, Horace Freeland)著,《创世纪的第八天》(The Eighth Day of Creation)。纽约:西蒙和舒斯特出版社(Simon and Schuster),1979 年。记录 20 世纪 30 年代中期至 1970 年前后,遗传学和分子生物学中,沃森和克里克发现 DNA 结构以及其他重要发现。

R. C. 欧迪(Olby, R. C., et al., eds)等著,《现代科学史中的同伴》(Companion to the History of Modern Science),伦敦:劳特利奇出版社(Routledge),1990 年。描写科学史不同侧面的散文集。

安妮·塞尔(Sayre, Anne)著,《罗莎琳德· 富兰克林与 DNA》(Rosalind Franklin and DNA)。纽约:W. W. 诺顿出版社(W. W. Norton),1975 年。与沃森相比,从不同角度描述 DNA 竞赛,对富兰克林持同情态度的传记。

N. A. 泰雷(Tiley, N. A.)著,《发现 DNA》(Discovering DNA)。纽约:莱因霍尔德出版社(Von Nostrand Reinhold),1983 年。描写 20 世纪中叶沃森和克里克等人在

DNA 方面的发现。
詹姆斯·D. 沃森(Watson, James D.)著,《双螺旋》(The Double Helix)。纽约: 雅典神殿出版社(Atheneum)出版,1968 年。讲述发现 DNA 结构的回忆录,生动活泼但有失公正。

文章:

丹尼斯·L. 布来欧(Breo, Dennis L.),《双螺旋——沃森和克里克关于如何种瓜得瓜,种豆得豆的"奇异发现"》(The Double Helix-Watson and Crick's "Freak Find" of How Like Begets Like),《美国医学学会期刊》(Journal of the American Medical Association), 269,1993 年 2 月 24 日,第 1040—1045 页。回顾沃森和克里克 40 年前的发现之旅。

哈利·康普顿著,《弗朗西斯·克里克》(Crick, Francis),《当代人物传记年鉴(1983)》(Current Biography Yearbook),第 68—71 页。纽约: H. W. 威尔逊(H. W. Wilson)出版社,1983 年。概述克里克的成就。

威廉·马伦(Mullen, William)著,《遗传学先驱回忆芝加哥教育》(Genetic Pioneer James Watson Recalls a Chicago Education)。芝加哥论坛报(Chicago Tribune),2004 年 2 月 4 日。描写沃森的芝加哥渊源与后来的成就。

詹姆斯·D. 沃森(J. D. Watson)和弗朗西斯·克里克(F. H. C. Crick)著,《脱氧核糖核酸结构的遗传学含义》(Genetical Implications of the Structure of Deoxyribonucleic Acid),《自然》(Nature),1953 年 5 月 30 日,第 964—967 页。科学论文,讨论 DNA 的结构如何使其具有自我复制功能。

詹姆斯·D. 沃森(J. D. Watson)和弗朗西斯·克里克(F. H. C. Crick)著,《核酸的分子结构: 脱氧核糖核酸的结构》(Molecular Structure of Nucleic Acids: A Structure for Deoxyribose Nucleic Acid),《自然》(Nature),1953 年 4 月 25 日,第 737—738 页。沃森和克里克提出有关 DNA 结构的简短科学论文。

杜威著,《詹姆斯·D. 沃森》(Watson, James),《当代人物传记年鉴(1990)》(Current Biography Yearbook),第 605—607 页。纽约: H. W. 威尔逊(H. W. Wilson)出版社,1990 年。沃森的传记文章,包括多次采访节录。

网站:

www.accessexcellence.org 2004 年 12 月 29 日访问。这个网站面向健康和生命科学方面的教师和学者,由国家卫生博物馆(the National Health Museum)资助,有克里克和沃森的小传,对他们的采访和他们发现的 DNA 结构的说明等内容。

2

出品基因汉堡

——赫伯特·波意尔、斯坦利·N. 科恩与基因工程的诞生

从某种意义上来说,基因工程在熟食店起步似乎很合适。就像熟食店中站在柜台后的店员一样,基因工程师可以按菜单把基因分割,与其他生物的基因一起做成三明治,包装后"出品"。如此一来,他们创造出全新的生物体。基因工程的支持者和反对者一致认为这种技术很可能极大地影响科学、人类社会和地球上的所有生物。

除腌牛肉之外的讨论

基因工程诞生的熟食店在夏威夷的火奴鲁鲁市(Honolulu)。1972年11月一天的晚上,斯坦福大学的分子生物学家斯坦利·N. 科恩(Stanley Norman Cohen)和加州大学旧金山分校(UCSF)的分子生物学家赫伯特·韦恩·波意尔(Herbert Wayne Boyer),在结束了一整天的学术会议后走进一家熟食店。

科恩(1935 年 2 月 17 日生于新泽西州佩思安博伊市(Perth Amboy))听了当天波意尔的讲话,很想了解更多加州大学旧金山分校研究人员的工作。科恩一开始讲解自己的研究工作,波意尔兴趣盎然。狼吞虎咽腌肉和熏肉三明治后,他们逐渐意识到两人的工作专长就像 DNA 分子中的碱基对那样匹配。他们觉得,联合起来或许能干些大事。

波意尔是一个强壮的前高中橄榄球明星,来自宾夕法尼亚州的德里镇(Derry),生于 1936 年 7 月 10 日,比科恩小 1 岁半。波意尔在宾夕法

尼亚州的圣文森特学院(St. Vincent College)学习生物学和化学,1958年获学士学位。1960年他在匹兹堡大学(University of Pittsburgh)获得硕士学位,1963年获得博士学位。在耶鲁完成博士后工作后,波意尔1966年去了加州大学旧金山分校任助理教授。

在夏威夷一家熟食店里的谈话过程中,斯坦福大学的科恩帮着计划一些实验,这些实验开启了基因工程的大门。(斯坦福大学)

波意尔在熟食店里对科恩说,自己正研究限制性内切酶,一种由细菌产生的化学物质。这种"分子剪刀"一旦找到了特定的碱基序列,就会剪断DNA链。细菌利用这种酶在病毒繁殖和杀死自己前消灭入侵的病毒。波意尔认为可以利用这种酶将很长很长的DNA分子分割成容易处理的——而且是可预期的——大块。不同的限制性内切酶剪切不同的DNA序列,所以分子生物学家通过决定采用哪种酶来选择怎样剪断DNA。

波意尔告诉科恩的其中一件很有意思的有关限制性内切酶的事是,这种"剪刀"并不是非常锋利的。这种酶会在断口的两端留下不完整的摇摆不定的碱基序列,而不是干净利落的切开DNA分子。就像DNA复制时的状况,这些不稳定的碱基会强烈地吸引其他碱基,补全正常的配对。这意味着由同一种酶切割的两个DNA碎片将很容易首尾相接,即使这两个DNA来自不同的生物。另一种叫做连接酶的酶就可以将"黏性末端"粘合。

科恩获得新泽西州立大学学士学位(1956年)和宾夕法尼亚大学医学院的医学博士学位(1960年),1968年到斯坦福大学工作。他告诉波意尔,自己对细菌的研究工作包括这些微生物的一些不寻常的特征。他提到,1965年,科学家发现细菌中除了有环形的大DNA分子承载大部分遗传信息之外,还常常有一些叫做质粒的小环形DNA分子存在。每个质粒只有几个基因。当细菌自我复制分裂成两个时,不但只复制主要的基因组,还会复制所有的质粒。

许多生物会因为基因的改变而改变性别，不过细菌不会。但是，细菌有时会在一种称为“接合”的过程中改变质粒。1971 年，科恩发现了一种方法模拟接合，将质粒从一些细菌中移出，让另一些细菌接受这些小型 DNA。他希望利用这种技术帮助其他科学家研究单个基因和 DNA 片断。这种分析方法需要同一个基因的成百上千份拷贝。细菌的繁殖速度惊人，每 20 分钟数量翻 1 倍，所以，一个细菌在一天之内就能制造出上千万个与自己类似的细菌。科恩希望，如果能找到一种方法将一个基因插入质粒的 DNA 中，然后将这个质粒放入细菌，细菌就会复制，或者说在克隆的过程中复制这个基因。科恩欣喜地意识到，波意尔提到的酶，可能就是他需要的那种工具，打开质粒的 DNA 环，插入他想复制的基因，再封上质粒。

首次基因拼接

波意尔和科恩吃完三明治后，便计划了一系列实验，这些实验融会贯通了两人的学科知识。1973 年春，回到加利福尼亚后，他们开始尝试这些实验。在同事安妮·张(Annie Chang)和罗伯特·海利(Robert Helling)的帮助下，两人先用波意尔的一种限制性内切酶切断了科恩的一些质粒。正像科恩所希望的，这种工作质量不高的分子剪刀留下来的“黏性末端”得以使两个不同种类的质粒组成一个大质粒。科恩把新质粒叫做嵌合体，这个名字的英语单词原来指一种古希腊传说中的一个怪兽，这个怪兽的身体部分是狮子，部分是山羊，部分是蛇。

波意尔和科恩首次实验采用的质粒来自两株大肠杆菌，大肠杆菌是一种生活在人类肠道中常见的无害细菌。一种质粒包含一个使大肠杆菌对抗生素四环素产生抗药性的基因，另一种质粒使大肠杆菌对另一种抗生素——卡那霉素产生抗药性。波意尔和科恩将改造后的质粒移入一种正常情况下会被这两种药物杀死的细菌，然后将这种细菌放入装了这两种抗生素的培养皿。其中一些细菌活了下来，这证实它们获得的新的抗药性基因正在制造蛋白质。人类历史上首次成功地将一种生物的基因转移到另一种生物中去，而且证实转移后这些基因能正常地起作用。

在第二次实验中，波意尔和科恩组合两种不同细菌的质粒。第三个实验更进一步，将一段青蛙的基因放入质粒中。在这两次实验中，新质粒放入细菌后都正常工作，细菌繁殖时，这些质粒也被复制传给下一代。含

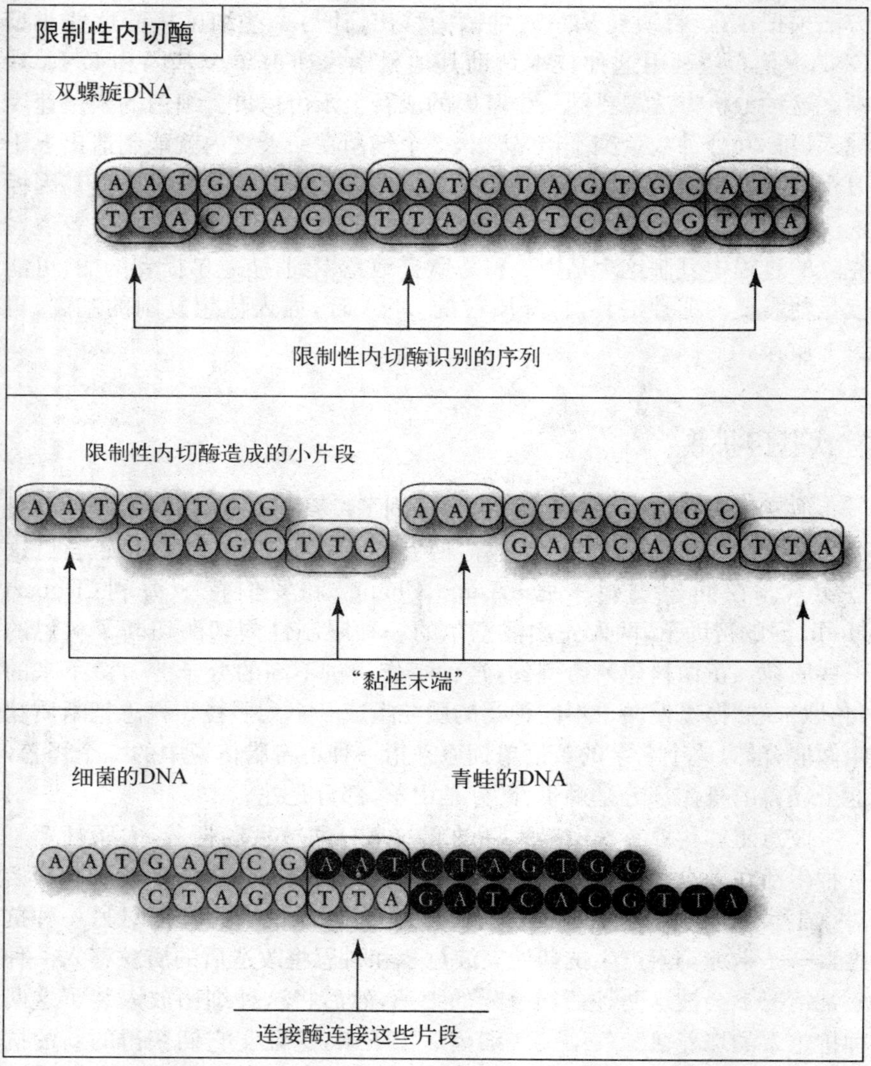

波意尔告诉科恩,细菌产生的限制性内切酶可以在特定的序列处切断DNA分子,在每个片段的末端留下一小段单链DNA。每个单链DNA小段可以跟任何含有互补DNA碱基序列的单链DNA"粘合"。科恩和波意尔意识到这样就可以实现连接不同生物的DNA片断。

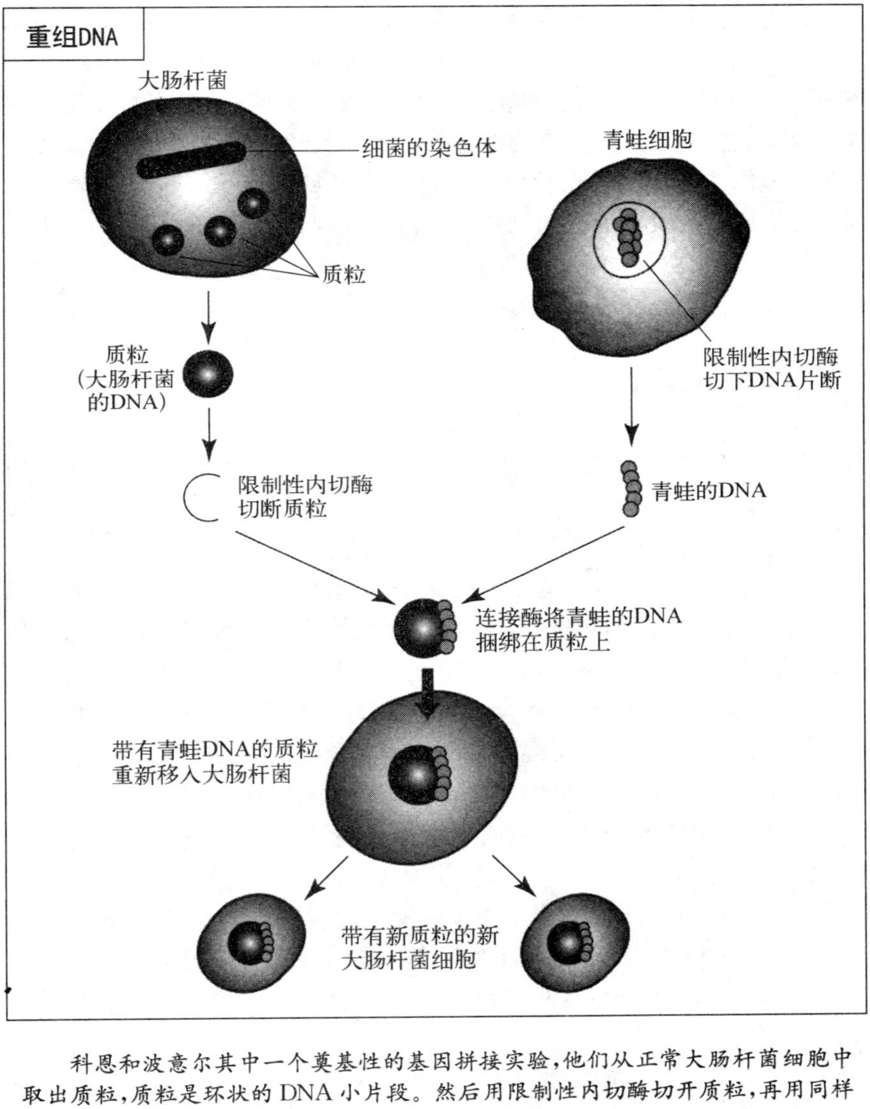

科恩和波意尔其中一个奠基性的基因拼接实验，他们从正常大肠杆菌细胞中取出质粒，质粒是环状的DNA小片段。然后用限制性内切酶切开质粒，再用同样的酶处理青蛙细胞中的DNA，获得青蛙DNA片段。细菌和青蛙的DNA片段因为互补的单链DNA的“黏性末端”相互连接。波意尔和科恩再用另一种酶连接酶将DNA首尾连接，这样就制成新的既含有青蛙DNA又含有细菌DNA的质粒。研究人员接着把携带外源基因的质粒移入大肠杆菌，并证实外源基因可以正常制造蛋白质。细菌繁殖时，附加的基因也随着细菌本身的基因一同复制。

有这些质粒的细菌实际上是一种新型生物。

科恩把他们的新技术叫做“重组 DNA”。这种技术后来被通俗地称为基因拼接。虽然 2004 年《遗传学与基因周刊》(Genomics and Genetics Weekly)引用科恩的话说:“赫伯(波意尔的昵称)和我并没有打算发明基因工程。我们只是想研究基础性的生物学现象。”其他分子生物学家很快联想到他们的研究的潜在价值。埃德温·肖特(Edwin Shorter)在讲述国家卫生研究所发展历程的《健康世纪》(The Health Century)一书中提到,某个科学家总结大家的反应时说,“这下好了,我们现在想怎么组合 DNA 都可以了”。

基因工程危险吗?

在斯坦福,科恩的实验室楼上两层是另一位分子生物学家保罗·伯格(Paul Berg)的实验室。假如伯格对自己的实验结果并不担忧的话,他其实有可能在科恩和波意尔之前创造出基因工程生物。

在波意尔和科恩的实验开始前几个月,伯格从感染猴子的一种病毒 SV40 中取出一个基因,将这个基因组装到拉姆达病毒的基因组中,这种病毒袭击细菌。因为缺少波意尔的限制性内切酶,他用化学方法不辞劳苦地将单链 DNA 的黏性端粘到病毒基因的末端。然后用连接酶连接基因片段。伯格是世界上将两种不同生物的基因组合起来的第一人。不过,他并没有把基因放回某种生物体内,检验这些基因是否还能正常工作。

伯格计划用拉姆达病毒做遗传媒介(或者说载体),将 SV40 的基因插入大肠杆菌。当纽约长岛冷泉港基因实验室的一位遗传学家罗伯特·波拉克(Robert Pollack)听说了这项实验进展后,致电伯格提出警告。波拉克指出,SV40 对猴子是无害的,但会让小白鼠和仓鼠得癌症。波拉克担忧,将一种癌症致病病毒的基因插入存活在人体内的细菌可能会带来潜在的危险。

伯格觉得听从波拉克的警告是明智之举,所以他取消了实验。当他听说波意尔、科恩和其他人正在做的事时,他也开始关注某些项目的安全性。

建立标准

1973 年年末,伯格与另外 77 位分子生物学家联名致函著名的美国科学杂志《科学》。信中要求美国科学院关注重组 DNA 研究潜在的危险,并在这个新兴领域制订安全指导方针。

其他科学家:　　保罗·伯格

保罗·伯格(Paul Berg)1926 年 6 月 30 日生于纽约市布鲁克林区,是一个服装制造商的儿子。第二次世界大战中断了他在宾夕法尼亚州立大学的生物化学学习,去了海军服役。1948 年他终于获得学士学位。1952 年,他在俄亥俄州克里夫兰的西储大学(现在改名为凯斯西储大学)获得博士学位。1959 年调动到斯坦福大学之前,他在圣路易斯州的华盛顿大学医学院任教。

伯格的第一项主要研究成果,是他在 1956 年证明了一部分克里克和布雷纳有关蛋白质是怎样产生的理论。克里克和布雷纳一年前提出,他们称作适配分子的小分子拖拽单个氨基酸就位,并且使之连接形成蛋白质。伯格找出了第一种适配分子(转运 RNA),验明它的正身,并证实这种转运 RNA 总是与一种甲硫氨酸连接在一起。

伯格在 1972 年到 1973 年之间的工作也是沃森和克里克的发现的外延。这两位科学家解开 DNA 的结构后,提出双螺旋分子自我复制时会解开螺旋。产生的每个单链都会通过吸引细胞中自由漂浮的碱基,重组与自己配对的互补链。伯格证明短单链 DNA 确实黏住了互补的碱基序列。例如,一列 C—A—A—T—G 会联上一列 G—T—T—A—C。

沃森(与安德鲁·贝里 Andrew Berry 合著)在讲述 DNA 研究历史的《DNA: 生命的奥秘》一书中讲到,伯格计划进行实验,组合病毒的基因,并尝试让改造后的病毒将基因引入细菌内部,这是试图将哺乳动物的基因引入细胞的第一步。后来,沃森说,伯格希望将健康的基因用病毒载入遗传病患者的细胞中。大约 20 年后,安德森等人在发展基因疗法时采用了这种方案。

伯格 1980 年与他人共同获得诺贝尔化学奖,以表彰他在基因生物化学领域的开创性工作。他还获得了一些其他奖项,例如 1980 年的拉斯克基础医学奖和 1985 年的美国国家科学奖章。

科学家们1974年7月发表了第二封信，发出进一步呼吁。伯格、波意尔、科恩与署名科学家一道，呼吁这个领域内的所有研究人员自愿延期或暂时停止某些基因改造实验，直到评估出这些工作可能带来的危害，制订出更加完善的安全条例。科学家们担心，细菌一旦被改造带上了危险的性状后（例如会引起癌症或获得抗药性），可能会从基因工程实验室中流出而感染人类。

在这种安全忧虑下，1975年2月24—27日，一次意义深远的会议在加利福尼亚中部宁静的阿斯洛马（Asilomar）召开。这次会议其实是由另一次会议引发的：科学家如果没有为这项新技术设立规范，那么立法者应该站出来管一管这事。有关基因工程的骇人的故事出现在报纸、广播和电视上，公众要求这项技术受到监管。

争论焦点：　　对安全不懈的关注

现在，很多专家认为，危险的基因变种生物从实验室逃逸的可能性很小。特别是在2001年9月基地组织袭击后，但是，对于恐怖分子有意制造并散布某些致命微生物的恐慌情绪日渐增长。例如，20世纪90年代，苏联生化武器实验室的叛逃者透露，那些实验室用致病细菌进行基因工程实验。

本世纪初的那两项实验本身是无辜的，但是，这些实验证明要制造一种致命微生物是多么容易。2001年2月进行的第一项实验中，澳大利亚科学家改变了鼠痘病毒的基因，鼠痘这种疾病类似会使人致命的天花，这次实验中意外地制造出一种病毒，这种病毒能使已经接受标准鼠痘疫苗的小白鼠死亡。纽约大学石溪分校的科学家2002年6月报道，他们利用因特网上的信息和邮购DNA服务，“涂鸦”式地创造出能引起小儿麻痹症的病毒，这种疾病会造成患者残疾。考虑到恐怖分子可能会读到这类文章并采用文中描述的方式制造恐怖袭击，国会议员和一些科学家质疑此类研究工作结果是否应该公开发表。

在激烈的会议后，阿斯洛马会议制定出指导不同类型基因拼接实验的方针路线。1976年，主要由美国政府资助的国家卫生研究所（NIH），在制定安全规定时采用了阿斯洛马方针作为原型。获得联邦政府资助的所有科学家都要遵守国家卫生研究所的规定，而大多数其他研究人员，特别是大学里的研究人员，也同意遵守这项规定。国家卫生研究所还设立了重组 DNA 咨询委员会(RAC)，评估将来的基因工程实验。

这些政府措施平息了公众的恐慌。几年后，基因拼接实验没有出什么大问题，大部分 NIH 规定 1980 年终止。不过 RAC 还是保留下来了。这个机构的主要工作是评估药物测试，在这些测试中某些改造后的基因会送入人体内(基因疗法)。

波意尔不仅参与了基因工程开发，还帮助了现代生物技术产业的建立。(阿尔伯特和玛丽·拉斯克基金会)

细菌财源滚滚

虽然科学家和公众对基因拼接非常恐惧，但是新技术的未来应用前景也很激动人心。许多人希望用基因工程治疗疾病和增加世界粮食产量。此外，老谋深算的商人开始考虑基因改造可能会让他们大赚一笔。

波意尔是第一个抓住这个机会的科学家。1976 年初，27 岁的风险投资人罗伯特·斯万森(Robert Swanson)劝说波意尔跟他一起开办一家公司，应用基因工程技术。两人将公司命名为基因工程技术，公司的英文名称是英语中“基因工程技术”三字首字母的缩写。

基因工程技术公司成立后，类似的公司雨后春笋般出现，利用波意尔和科恩的发现，外源基因放入细菌后会制造出这些基因原本制造的蛋白质，即使这些细菌本身并不生产这种蛋白质。移入基因的细菌繁殖时，因为繁殖速度惊人，形成一个个微小的工厂，生产出大量人类所需的蛋白质。

成功的产品

基因工程公司的细菌工厂出品的第一种商业化产品是胰岛素，这种细菌“工厂”

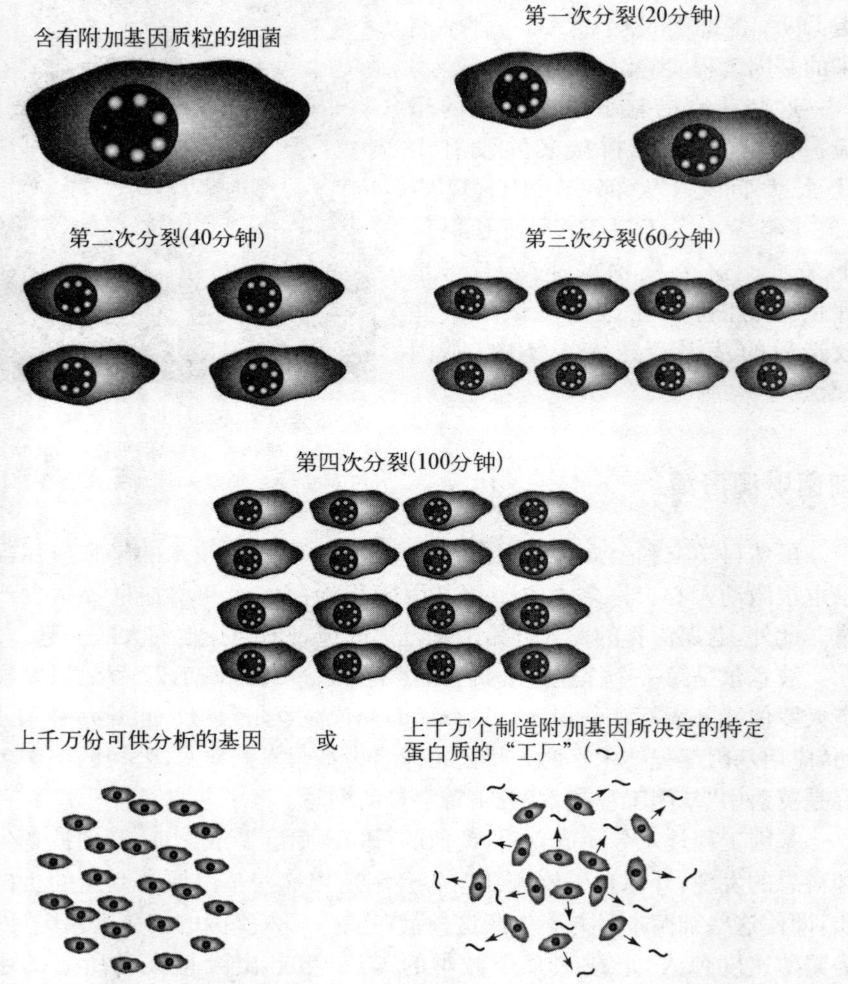

细菌可以每20分钟分裂一次。如果其他生物的基因已经加入细菌内，这些基因会随着微生物的每次分裂自我复制。在实验科学中，基因工程细菌可以用于制造大量需要的DNA片段，用于分析片段内的碱基序列。在生物工程工业中，工程细菌作为微型“工厂”，制造插入的基因决定的特定的蛋白质。

蛋白质控制人体内糖类代谢。正常情况下，胰岛素由胰腺的某些细胞产生，胰腺是位于腹部帮助消化的器官。这些细胞受损会导致糖尿病，糖尿病患者如果不补充胰岛素就会有生命危险，补充胰岛素的方式通常是每日注射。

胰岛素可以从大量宰杀的猪和牛的胰腺中提取，所以糖尿病患者在基因工程之前就可以以低廉的价格获得救命药。但是，猪和牛的胰岛素与人的胰岛素并不完全一样，有 5%的人对这些动物产品过敏。基因改造的细菌制造出的人胰岛素与人自身产生的完全一样。虽然过敏的糖尿病患者比例很小，但是波意尔和斯万森相信，尽管美国 8 000 万糖尿病患

亲历者说：　　基因工程公司的建立

波意尔似乎喜欢在一些很随意的场所谈正经事。发生在一家熟食店里与科恩的谈话，引出了他们著名的基因工程实验，而与斯万森的谈话，引出基因工程公司的建立，则发生在一家酒吧里。

1994 年，在萨利·史密斯·休斯(Sally Smith Hughes)对波意尔的系列采访中，波意尔回顾了与斯万森相识的过程，那个系列采访是口述历史栏目的一部分，由加州大学伯克利分校和旧金山分校策划。故事在他的实验室开始，他说；后来才是酒吧。

> *他(斯万森)说他收集了一张与阿斯洛马公布的内容有关的名单，按字母顺序排序，这意味着伯格之前拒绝了他(在英语中，按姓氏的字母顺序排序，伯格在波意尔之前)。我猜我可能是名单上的第二个。他打电话来自我介绍。他想聊一聊，所以我叫他周五下午差一刻钟 5 点的时候到我的实验室来一趟。他自我介绍，说明他想做什么……我们那天晚上花了很多时间讨论。*

波意尔对怎样开公司一无所知。不过，斯万森会提供商业方面的专门意见和风险投资。波意尔其实心里有数。那天，波意尔把空的啤酒杯放下时，可能还挥手敬礼，就像基因工程技术公司旧金山总部门口的雕像那样，波意尔告诉休斯："当然，为什么不呢？"

者中只有5%也是足够带来利润的潜在客户了。此外，他们觉得，他们的技术要是能制造一种药物，那也能制造别的药物。基因工程公司1978年首次生产基因工程胰岛素，在与其他几家公司激烈的竞争中胜出。1980年9月，基因工程公司首次发行股票时，美国联邦食品和药物管理局(FDA)还没批准销售这种新型胰岛素，所有新药上市前都必须通过食品药管局的审批。虽然如此，投资者对新技术的热情高涨，交易开始几分钟内，每股的股价就从35美元飙升到89美元。沃森在《DNA：生命的奥秘》一书中写道："那时，那是华尔街历史上最神速的价值增长。"1982年，获得FDA批准后，基因工程公司通过一家大型医药公司来销售人类胰岛素。

基因工程师的"基因三明治"菜单此后逐年增长。列表中包括人类生长激素，治疗那些因缺少这类激素而不能长高的人，还有tPA，在心脏病发后帮助溶解血块的药物。基因工程也用于制造保护人类免受疾病困扰的疫苗，例如B型肝炎疫苗，B型肝炎是一种会导致癌症的严重的肝脏疾病。基因工程公司陆续开发了许多成功的产品，包括抗癌药物阿瓦斯丁，美国食品和药物管理局(FDA)2004年批准这种药物受限制使用。

革命性的技术

波意尔把细菌变成蛋白质工厂的同时，科恩在想方设法把微生物当复印机用，为科学研究制造基因拷贝。科恩在斯坦福也十分活跃，他担任"李国鼎遗传学讲座"教授(译者注：李国鼎是为台湾经济、现代化和科技发展做出重要贡献的知名人物)和医学教授。而与科恩不同，波意尔1991年从加州大学旧金山分校退休，离开了科研领域。两位科学家因为他们的工作共同获得许多奖项：1980年获得阿尔伯特·拉斯克基础医学奖，1993年获得瑞士赫尔穆特·霍尔滕研究奖，1996年获得麻省理工学院的勒梅尔森发明奖。两人都当选为美国科学院院士，2001年入选美国国家发明家名人堂。科恩1988年荣获美国国家科学奖章，波意尔1990年也获得美国国家科学奖章，1989年两人同时荣获国家技术奖章。2004年，他们被授予奥本尼医疗中心奖，奖金高达50万美元，这是美国奖金数额最大的医学和生物医学研究奖项。

这个长长的得奖名单印证了波意尔和科恩在夏威夷熟食店里开创的

技术是多么重要。基因工程创造了拯救生命的药物,新品种食物,还有一种全新的研究基因和人体是怎样运作的方法。“基因拼接是人类在原子弹爆炸后掌握的最有力、最可怕的技术。”《时代》(Times)记者弗雷德里克·戈尔登(Frederick Golden)1981年写道。多年后,在授予两人麻省理工学院的勒梅尔森发明奖时,麻省理工学院校长查尔斯·M. 维斯特(Charles M. Vest)说:“波意尔和科恩的天才彻底改变了我们的生活方式。”

生平年表

1935年	2月17日,斯坦利·科恩生于新泽西州佩思安博伊市
1936年	7月10日,赫伯特·波意尔生于宾夕法尼亚州的德里镇
1960年	科恩获得宾夕法尼亚州立大学医学院的医学博士学位
1963年	波意尔获得匹兹堡大学博士学位
1965年	科学家发现细菌含有环形的DNA小片段,名为质粒,质粒是主要基因组的补充
1966年	波意尔成为加州大学旧金山分校(UCSF)教员
1968年	科恩成为斯坦福大学教员
1971年	科恩设计了一种方法,令细菌能够随时接纳质粒
1972年	11月,波意尔和科恩在夏威夷的一次科学会议中相识,并计划首个基因拼接项目
1973年	伯格成功组合两种病毒的基因。波拉克警告伯格的实验存在潜在危险,伯格同意停止实验 波意尔和科恩组合不同种类细菌的基因片段,将混合的DNA放进细菌中,证明移植的基因工作正常 伯格与另外77位分子生物学家联合致函《科学》杂志,敦促美国科学院为重组DNA研究制定安全标准
1974年	7月,《科学》杂志刊登伯格等科学家的第二封公开信,信中他们呼吁暂时终止部分基因拼接实验

1975 年	2 月 24—27 日，140 位分子生物学家在加利福尼亚阿斯洛马召开会议，指导基因工程安全条例
1976 年	国家卫生研究所制定重组 DNA 研究安全标准，设立重组 DNA 咨询委员会 波意尔和斯万森创立基因工程技术公司，这是世界上首家生物技术公司
1978 年	基因工程技术公司采用基因工程利用细菌制造胰岛素
1980 年	NIH 撤销了大多数重组 DNA 实验安全条例 基因工程技术公司股票上市，疯狂热卖 波意尔和科恩共享阿尔伯特·拉斯克基础医学奖
1982 年	食品和药物管理局批准基因工程技术公司的人类胰岛素上市销售
1988 年	科恩获得美国国家科学奖章
1989 年	波意尔和科恩获得国家技术奖章
1990 年	波意尔获得国家科学奖章
1991 年	波意尔从 UCSF 退休
2001 年	波意尔和科恩当选为美国科学院院士，入选发明家名人堂
2004 年	波意尔和科恩荣获奥本尼医疗中心奖

扩展阅读

图书：

爱德华·肖特(Shorter, Esward)著，《健康世纪》(The Health Century)，纽约：双日出版社(Doubleday)，1987 年。逐年讲述美国国家卫生研究所(NIH)的发展，以及这个研究所资助的一些重要研究。记录 NIH 在基因工程发展中的角色和早期对这项新技术的安全关注。

詹姆斯·D. 沃森(Watson, James D.)与安德鲁·贝里(Andrew Berry)合著，《DNA：生命的奥秘》(DNA：The secret of Life)，纽约：阿尔佛雷德·A. 诺普夫出版社(Alfred A. Knopf)，2003 年。20 世纪后半叶的 DNA 遗传学研究历史，包括基

因工程的诞生和生物技术产业的发展等章节。

文章：

保罗·伯格(Berg,Paul),《一名斯坦福教授在生物化学、科学政策和生物技术产业领域的生涯》(A Stanford Professor's Career in Biochemistry, Science Politics, and the Biotechnology Industry)。在线阅读。网站：http://texts.cdlib.org/dynaxml/servlet/dynaXML?docId=kt1c6001df&doc.view=entire_text。2004年11月12日访问。1997年萨利·休斯(Sally Smith Hughes)对伯格的系列采访,是UCSF口述历史栏目和生命科学和生物技术的历史栏目的一部分,由加州大学伯克利分校班克罗夫特图书馆策划。内容包括讨论伯格的重组DNA研究和阿斯洛马会议,那次会议由伯格协助组织。

同上。《重组DNA分子的潜在生物危害》(Potential Biohazards of Recominant DNA Molecules),《科学》杂志(Science),1974年7月26日,第303页。信中伯格、波意尔、科恩等人呼吁暂时终止部分DNA重组实验。

赫伯特·波意尔(Boyer, Herbert),《重组DNA研究在UCSF和基因工程公司对此的商业应用》(Recombinant DNA Research at UCSF and Commercial Applications by Genetech)。在线阅读。网站：http://texts.cdlib.org/dynaxml/servlet/dynaXMl?docId=kt5dtnb0zs&doc.view=entire_text。2004年11月11日访问。1994年休斯对波意尔的系列采访,是UCSF口述历史栏目和生命科学和生物技术的历史栏目的一部分,由加州大学伯克利分校班克罗夫特图书馆策划。内容包括讨论基因工程的发明和基因工程技术公司的建立。

S. N. 科恩(Cohen, S. N.)等人著,《在试管中组建有生物功能的细菌质粒》(Construction of Biologically Functional Bacterial Plasmids in Vitro,1973年11月《美国科学院学报》(Proceedings of the National Academy of Sciences),70：第3240—3344页。描写如何组装第一个基因工程质粒的科学论文。

弗雷德里克·戈尔登(Golden, Frederick)著,《在实验室制造生命》(Shaping Life in the Lab),《时代》周刊(Time),1981年3月9日,第50—56页。记录早期商业性的基因工程和生物技术激动人心的环境。

茱丽安·米勒(Miller,Julie Ann)著,《来自阿斯洛马的经验教训》,(Lessons from Asilomar),《科学新闻》(Science News),127：第122—124页(1985年2月23日)。写在加利福尼亚阿斯洛马会议10年后,那次会议中分子生物学家制定了基因工程安全条例,本文追述那次会议,讨论会议的影响。

J. F. 莫罗(Morrow, J. F.)等著,《大肠杆菌中的真核DNA复制和转录》(Replicaiton and Transcription of Eukaryotic DNA in Escherichia coli),《美国科学院学报》,1974年5月1日,71,第1743—1747页。科学论文,介绍重组DNA放入细菌后可以在新位置起作用。

网站：

Access Excellence：About Biotech：Biotech Chronicles：pioneer Profiles. 这个网站面向健康和生命科学方面的教师和学者，由国家卫生博物馆（the National Health Museum）资助，内容包括生物技术的历史和工业先驱的人物传记梗概。有波意尔的内容。http://www.accessexcellence.org/RC/AB/BC/Herbert_Boyer.html。2004 年 11 月访问。

3 体内杀手

——迈克尔·毕晓普、哈罗德·瓦穆斯与发现癌症基因

著名的英国作家罗伯特·路易斯·史蒂文森(Robert Louis Stevenson)撰写的《化身博士》(The strange Case of Dr. Jekyll and Mr. Hyde)是当时最受欢迎的神秘小说之一。书中的主角,亨利·哲基尔医生,受到大家的尊敬,但是当他喝下一剂自己在实验室配置的药水后,变成了一个残忍的杀手。1976 年,史蒂文森的小说出版 90 年后,加利福尼亚的两位科学家发现,隐藏在癌症背后的转变很像哲基尔化身成海德的转变,而癌症是人类最恐惧的疾病之一。

一不小心成了科学家

约翰·迈克尔·毕晓普(John Michael Bishop)和哈罗德·埃利奥特·瓦穆斯(Harold Eliot Varmus)在他们的重大发现之前,这两位研究人员都正在经历自己的转型。两人年轻时都没想过要当科学家。1936 年 2 月 22 日生于宾夕法尼亚的小镇约克(York)的毕晓普,梦想成为一名音乐家。多年后,他在写给诺贝尔基金会的自传中说:"如果有来世,我想选择做一个音乐表演家,有着非凡的天赋,最好,在一个弦乐四重奏组合里。"感到自己无力成为一个音乐家后,毕晓普在宾夕法尼亚州的盖茨堡学院主修化学。1957 年毕业。他在哈佛医学院学习期间对研究工作产生了兴趣。1962 年,他获得医学博士学位,分别在国家卫生研究所(NIH)和德国做博士后,他在德国的博士后工作是专门研究引起动物癌症的病毒。

瓦穆斯帮助证明引起癌症的基因是从正常细胞转变来的。(阿尔伯特和玛丽·拉斯克基金会)

瓦穆斯1939年12月19日生于纽约长岛的欧申赛德镇(Oceanside),在附近的弗里波特(Freeport)长大。年轻时爱好医学和文学。打算子承父业的瓦穆斯起初在马萨诸塞州的阿姆赫斯特学院(Amherst College)读医学预科课程,不过后来转到了英语专业,1961年获得学士学位毕业。一年后,他获得哈佛大学17世纪英语文学专业硕士学位。但是就在那时,瓦穆斯发现他在医学院的朋友们"更接近现实世界",1993年他对《纽约时代》(New York Times)杂志的记者纳塔利·安吉尔(Natalie Angier)这样说道。他1966年在纽约的哥伦比亚大学内科与外科医学院获得医学博士学位。瓦穆斯是一个有良心的反对派,1968年,当美国公共卫生局派他到国家卫生研究所(NIH)工作后,对生物医学研究产生了兴趣,那一年,公共卫生局提供给他的另一个选择是在越南战争中为军队服务。

毕晓普1968年到加州大学旧金山分校(UCSF)任微生物学助理教授。瓦穆斯1969年来到旧金山并"纯属偶然"遇到毕晓普,1989年,瓦穆斯向《科学》杂志记者吉恩·L.马克思(Jean L. Marx)这样形容道。瓦穆斯还告诉马克思,两人"十分合得来",就像沃森和克里克1951年在剑桥相遇时那样。毕晓普和瓦穆斯决定一同工作,瓦穆斯于1970年加入毕晓普在UCSF的实验室。

病毒恐怖分子

20世纪60年代晚期和70年代早期,毕晓普的实验室是众多研究致癌病毒的实验室之一。虽然还没人证明病毒会让人类患上癌症,但是大多数研究人员都相信会找到这样的病毒,而且这些病毒跟引起动物癌症的病毒会很类似。

相关链接： 从癌症到艾滋病

大多数导致动物患上癌症的病毒都属于一类罕见的叫做逆转录酶病毒（“反向病毒”）的病毒。它们之所以叫这样的名字是因为它们的基因材料是 RNA，而不是 DNA。大多数生物都将 DNA 拷贝成 RNA，逆转录酶病毒反其道而行之，它们将 RNA 基因组拷贝成 DNA，再插入受感染的细胞的基因组中去。被感染的细胞在分裂前复制 DNA 时，插入的病毒基因也会被复制。这样，更多的病毒产生了。

在 20 世纪 60 年代和 70 年代，许多研究人员相信，迟早会找到感染人类的逆转录酶病毒。有的人认为这类病毒就是人类罹患癌症的最常见的原因。国家卫生研究所的罗伯特·加洛(Robert Gallo) 1981 年发现第一种人类逆转录酶病毒，并证实这种病毒引发一种血液癌症——白血病。加洛把这种新型病毒命名为 HTLV，是人类 T 细胞白血病病毒的英文首字母缩写。不久后，他又找到一种类似的病毒，命名为 HTLV－2。

只有少数几种病毒被证实会引发癌症，而且这几种病毒引起的癌症都很罕见。不过，加洛等人关于逆转录酶病毒的发现对另一个问题大有帮助。大约在加洛发现 HTLV 病毒的前后，医学杂志上开始刊登一些报道，描述一种成群出现的神秘的感染，受感染的都是同性恋男性。研究人员发现，这些受感染男性的免疫系统受到破坏。科学家猜测，引起这种疾病的罪魁祸首可能是逆转录酶病毒。

加洛和他的同事注意到，这种神秘的疾病看起来跟导致白血病的 HTLV 有同样的传播方式，感染同类细胞，加洛觉得这种新病况会不会是一种类似 HTLV 的病毒引起的呢？1983 年，在之前有关癌症逆转录酶病毒方面的工作经验帮助下，他成功分离了病毒，这种病毒就是人们后来熟知的艾滋病（获得性免疫缺陷综合征）病毒。法国巴斯德研究所的拉克·蒙泰格那(Luc Montagnier)与同事也同时独立发现了这种病毒，后来被命名为 HIV（人类免疫缺陷病毒）。正如加洛猜测的那样，HIV 就是一种类似 HTLV 的逆转录酶病毒，之前对于引致癌症的逆转录酶病毒的研究成果，既帮助科学家研究 HIV 如何侵害免疫系统的细胞，也有助于开发 AIDS 的治疗方法。

弗兰西斯·佩顿·罗斯(Francis Peyton Rous),纽约的一位研究人员,1910年甄别出第一种可能由病毒引起的癌症。(那时,没人亲眼看见过病毒,但是间接证据使得科学家们可以预言它们的存在。)这种病毒会造成鸡长出肌肉瘤(恶性肉瘤),后来,这种病毒被分离出来,命名为罗斯肉瘤病毒。其他各种引起家鼠、仓鼠、猫、猴子等等动物患上癌症的病毒也被一一发现。这些病毒还能把实验室里一切正常的细胞变成野蛮复制类型的细胞,这种形式的细胞具有许多癌细胞的特征。

研究人员在20世纪70年代发现一种不会致癌的罗斯肉瘤病毒。人们将这种病毒与正常病毒做比较后发现,致癌病毒在它小小的基因组末尾有一个大基因,而无害的病毒缺少这个基因。所以,科学家们推断,当病毒将那个基因插入细胞的基因组后,那个基因就会引起癌症。那个基因被命名为src,代表肉瘤(译者注:src是英语中"肉瘤"一词的前三个字母)。其他科学家也从其他致癌病毒中鉴别出不同的致癌基因。美国国家卫生研究所(NIH)的分支,国家癌症研究所的罗伯特·霍布尼(Robert Huebner)和乔治·托德罗(George Todaro)将所有的这些基因命名为"致癌基因",英语中的这个词借用了希腊语中意思为"肿瘤"的一个词。霍布尼和托德罗提出,当肿瘤病毒感染细胞时,病毒将致癌基因插入细胞的基因组,就像恐怖分子夹带炸弹炸毁建筑物或飞机一样。

不过,这些基因"炸弹",有可能数百年都不爆炸。霍布尼和托德罗提出,正常细胞的基因组含有潜在致癌基因,他们把这类基因称为前病毒。研究人员从理论上说明,漫长的进化之路上,在久远的过去这些前病毒在病毒感染时就已经被植入细胞内部,而且跟细胞的其他基因一同传给子孙后代。前病毒只有暴露在改变DNA的媒介下,例如X射线或某些化学物质,前病毒被激活后才会引发癌症。

颠覆一套理论

毕晓普和瓦穆斯决定检验霍布尼和托德罗的理论。在他们的实验室工作的一位法国研究人员多米尼克·斯特赫林(Dominique Stehelin)用罗斯肉瘤病毒造出src基因的副本。然后用一种放射性示踪物标记那个基因,再混合从健康的鸡的细胞中提取出单链DNA。如果鸡的细胞的基因组中含有某种形式的src,被标记的src会粘上去指出它的位置。

1976年,斯特赫林与毕晓普和瓦穆斯实验室的其他人一起,在正常的鸡细胞里发现一个类似 src 的基因。使他们感到惊奇的是,进一步分析显示,类似 src 的基因是一个细胞基因,不是一个病毒基因。他们还发现这个基因在细胞里是活动的,即使这个细胞不是癌细胞。换句话说,src,或者说一个几乎确定就是 src 的基因,看起来是,或者曾经是一个正常的鸡的基因。研究人员总结说,在肿瘤病毒变身恐怖分子之前,病毒是一个小偷,从细胞本身的基因中偷取了一个有潜力使人致命的基因。毕晓普和瓦穆斯把 src 的正常形式称为细胞致癌基因,因为这种细胞基因就像病毒形式致癌基因,在合适的环境下就会造成癌症。

毕晓普说"我们带着我们的癌症的种子"。(加州大学旧金山分校)

重新审视霍布尼和托德罗的理论只是毕晓普和瓦穆斯的实验室带来的首个惊喜。与他们一同工作的另一个研究人员黛博拉·斯贝克特(Deborah Spector)很快在鱼、鸟类和哺乳动物,包括人类体内发现了 src。这种基因分布如此广泛,说明在漫长的进化之路上它一直保持不变。这种情况只有一种可能,那就是这个基因在正常细胞中是不可缺少的。

活动的致癌基因

20世纪80年代初,毕晓普和瓦穆斯实验室的科学家以及其他实验室,发现细胞形式的 src 和其他致癌基因在细胞生长和分裂的过程中起着重要作用。在大多数细胞里,这些基因只是偶尔被激活,但在癌细胞中,这些基因一直是"打开的"。这种持续的活动导致细胞不断生长。

癌症研究人员知道,即使是一个小小的突变,或者基因碱基序列的变化,就会把一个基因从健康的哲基尔医生变成致癌的海德先生。1981年,麻省理工学院怀特黑德研究所的罗伯特·温伯格(Robert Weinberg)在人类膀胱肿瘤中发现一种致癌基因 ras——从人类癌症中分离出的首个致癌基因。温伯格和同事分析正常的和致癌形式的 ras 基因时发现，两种形式只有一个碱基的差别。1983 年报道的这个微小的差别，显然足以令这个基因制造的蛋白质产生重要变化。日光、X 射线、致癌物质（引起癌症的化学物质）和病毒都能引起基因突变。

科学家发现，在其他例子中，细胞癌基因从一个染色体，或者染色体上的一点，移到别处时，就能引发癌症。例如，移动可能使一个致癌基因

其他科学家： 罗伯特·温伯格

罗伯特·艾伦·温伯格（Robert Allan Weinberg）1942 年 11 月 11 日出生，在宾夕法尼亚州的匹兹堡市（Pittsburgh）长大。他的职业生涯基本上都是在麻省理工度过的，主要研究癌症。在毕晓普和瓦穆斯证明致癌基因来自细胞而不是病毒后，温伯格的实验室开始在人类肿瘤中寻找这些基因。这些肿瘤由致癌的化学物质引起，不是病毒在捣鬼。具有讽刺意味的是，温伯格的小组 1981 年在某种上述肿瘤中发现的致癌基因，与早先发现的病毒引起的家鼠肿瘤基因是一样的。这种致癌基因被命名为 ras，意为“家鼠肉瘤”。

温伯格的实验室 20 多年来一直站在致癌基因方面的研究前沿。1983 年，温伯格团队鉴别出使 ras 从一个正常细胞生长基因变成杀手的微小的基因突变。几年后，温伯格小组的另一位研究人员鉴别出第一个第二类型的致癌基因，肿瘤抑制基因。肿瘤抑制基因减慢或终止细胞生长，如果突变使这种基因失去作用，癌症就会发生。20 世纪 90 年代，温伯格的实验室还发现了癌症中的一些其他基因，包括一种通过重建染色体末端，帮助细胞长生不死的基因，因为染色体的末端通常随时间流逝而变短。

温伯格的工作赢得了许多奖项，包括 1984 年获得布里斯托-梅耶癌症研究杰出成就奖（Bristol-Meyers Award for Distinguished Achievement in Cancer Research），1992 年获得加拿大盖尔德纳基金会国际奖（Canada's Gairdner Foundation International Award）和 1997 年获得美国国家科学奖章。1999 年，温伯格荣获麻省理工学院的吉里安教员奖（Killian Faculty Award），这是麻省理工学院授予教员的最高荣誉。

紧挨着另外一个基因,导致致癌基因被激活。当 DNA 伸长,启动区在基因前后插入时,细胞癌基因还可能会在错误的时间开启。激活细胞致癌基因的第三种方式是扩增,一个基因意外地出现多余的副本。这些拷贝都能制造蛋白质,因此与正常情况相比,这个基因决定的蛋白质生产过量。任何这些移动或者错位都可能在细胞分裂前复制 DNA 时发生。

癌症基因

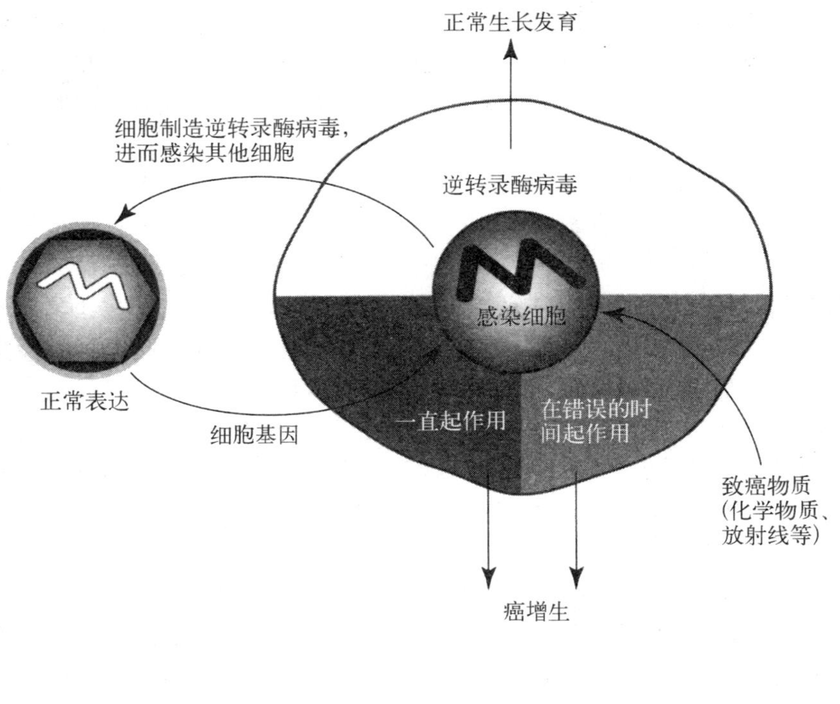

毕晓普和瓦穆斯发现会引起癌症的基因(或者说致癌基因),是原本在细胞生长发育过程中扮演重要角色的正常基因。有些时候,逆转录酶病毒在感染细胞时偶然捕获这些基因。随着时光流逝,其他携带这些基因的逆转录酶病毒感染新细胞后,再将这些基因插回细胞的基因组,引发癌症。另一方面,致癌物质可能会造成突变将一个正常基因变成一个致癌基因。致癌基因与正常基因的不同之处在于致癌基因不断地制造它们决定的蛋白质,或者在细胞生命周期中错误的时间制造蛋白质。

致癌基因的对手

科学家们似乎觉得致癌基因还不够多，在20世纪80年代早期又发现了第二种在癌症发病过程中起一定作用的基因。这种基因与致癌基因正好相反：它们的正常工作不是促进细胞生长，而是抑制细胞生长。致癌基因过分活跃会造成癌症，而对于这类基因，它们没起作用时才会造成癌症。癌症研究人员称这种基因为肿瘤抑制基因。温伯格常说活跃的致癌基因就像汽车上被卡住的油门，少了肿瘤抑制基因就相当于少了刹车。

研究人员在一种只有小孩子才会得的罕见的癌症中找到第一种肿瘤抑制基因。这种癌症，叫做视网膜母细胞瘤，在眼睛里生长。如果一个婴儿得了视网膜母细胞瘤，医生通常不得不切除他的一只或两只眼睛以保全他的性命。

医生发现视网膜母细胞瘤有时候在家族中流传，但是在另一些病案中，患病的小孩并没有亲戚得过这种病。有性繁殖的生物通过遗传得到一个基因的两份拷贝，一份来自父亲而另一份来自母亲。1971年，位于得克萨斯州的休斯敦健康科学中心的医学遗传学和小儿科教授小阿尔佛雷德·G.卡纳德森（Alfred G. Knudson, Jr.）提出，视网膜母细胞瘤患者的某些基因的两份拷贝都有缺陷，具体是哪些基因当时还不知道。他推测，家族中出现过这种疾病的小孩，遗传了一份有缺陷的基因，之后因为随机的变异丢失了第二份拷贝，这可能发生在出生后眼细胞迅速增殖的时候。另一方面，家里没人得过视网膜母细胞瘤的小孩，遗传得到两份正常的基因，但是变异造成两份基因都失去了活性。如果两个失活的基因都在同一个细胞里，那个细胞就会开始不受控制地繁殖造成肿瘤。

可是，失踪的是哪个基因呢？明尼苏达大学医学院的约格·尤尼斯（Jorge Yunis）1980年发现了一条线索，患遗传性视网膜母细胞瘤的小孩所有细胞中的13号染色体都有一部分丢失，而在非遗传性视网膜母细胞瘤小孩体内，只有肿瘤细胞有这种状况。采用类似毕晓普和瓦穆斯找出正常形式src基因的技术，几队科学家开始在13号染色体上搜索一个抑制细胞生长的基因。1986年，温伯格实验室的史蒂芬·H.弗兰德（Stephen H. Friend）终于找到了这个基因，命名为Rb，是英语中“视网膜母细胞瘤”一词的缩写。从那时起，Rb基因在各种不同组织中都有发现，几种不同的癌症经证实都与这个基因的遗失有关。

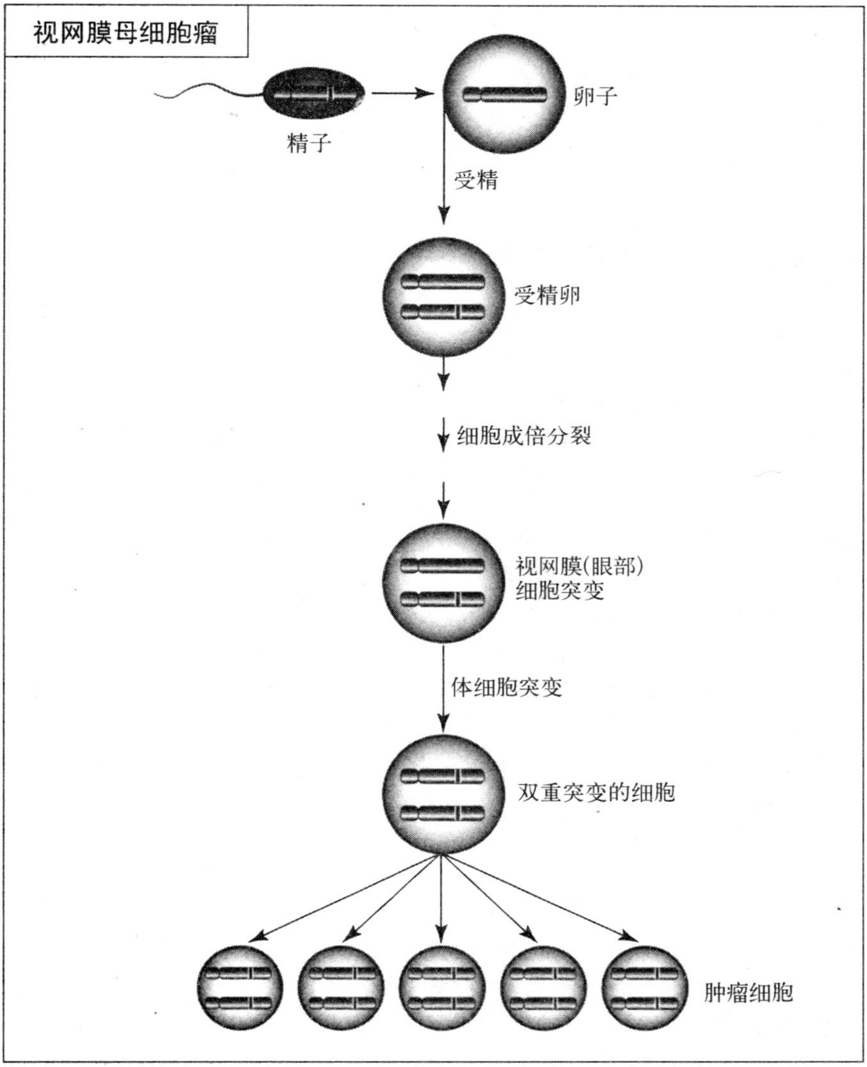

造成眼部的癌症视网膜母细胞瘤的受损基因有些是遗传得到的，有些不是。在这个例子中，一个小孩从父亲处遗传得到一个受损的基因(图中的竖条纹)。如果在出生前，眼细胞增殖过程中的一次突变破坏了健康的基因(从母亲处遗传得到的)，发生突变的细胞将不受控制地生长，就会增殖形成一个肿瘤。如果来自父母的两份基因都是正常的，但在出生后受损，肿瘤也会发生。

在发现Rb后，科学家们还发现许多其他肿瘤抑制基因。例如p53基因，在多种癌症中变异或者缺失，包括结肠癌、膀胱癌和乳腺癌。与Rb不同的是，即使只有一个p53拷贝有缺陷，细胞也会制造出歪曲的蛋白质。就像致癌基因制造的蛋白质一样，肿瘤抑制基因制造的蛋白质也是复杂的控制细胞活动系列信号的一部分。在这些系列中，有一处中断或者发生变化，都会导致整个系统不能正常工作。

引发癌症的多个步骤

研究人员已经知道，基因中多于一个的改变，常常是癌症的开始。例如，20世纪80年代末，马里兰州(Maryland)巴尔的摩(Baltimore)约翰·霍普金斯大学的伯特·沃格斯坦(Bert Vogelstein)发现，至少有4种不同的突变——一个致癌基因被激活和3个肿瘤抑制基因失活，包括p53——才会导致结肠(大肠)出现肿瘤。如果把癌症比作一把枪，第一次突变是将子弹上膛，第二个突变将保险打开，第三个瞄准目标，第四个开火。这些变化可能在不同的时间分别发生，由不同的原因引起，所以癌症常常是多年逐步发展的，这也是大多数癌症发生在老年人身上的原因。

有些时候，潜在的致癌突变发生在生殖细胞(精子或卵子)的基因中，这令下一代罹患癌症的概率增加。还有一种情况是，在人的一生中，环境因素例如致癌物质破坏了身体里的某些细胞。细胞通常能修复这种损伤，但是即使只有一个细胞的损伤无法修复，肿瘤就会发生。

大多数情况下，遗传和环境都会对肿瘤发生起作用。比方说，一个人可能通过遗传获得一个突变基因，但是还不会长出肿瘤，除非第二个或者第三个基因因为环境因素受损。实际上，对于大多数癌症来说，环境因素比遗传重要得多。

从科研到行政

虽然瓦穆斯和毕晓普一直以来都一同工作，但自1984年后，瓦穆斯在UCSF建立了自己的实验室，研究致癌基因和病毒(例如B型肝炎病毒，这种病毒会引起严重的肝脏疾病)，他在那里一直工作到1993年。

两人在2000年仍然领导实验室开展研究工作。毕晓普的实验室研究致癌基因和肿瘤抑制基因在正常细胞和癌细胞中做些什么、怎么做。

毕晓普说他的小组的目标是了解正常细胞怎样调控自身的生长和繁殖，为什么癌症细胞失去了调控能力。瓦穆斯的实验室研究如何在基因改造的小白鼠身上复制人类的癌症。瓦穆斯的实验室还利用基因改造研究癌症是怎样发生的。

瓦穆斯和毕晓普几乎没有多少时间从事研究工作，因为两人都公务缠身。毕晓普1998年出任UCSF的校长。他还负责G. W. 胡伯研究基金，是赫伯特·波意尔生命科学项目成员，大学教授，加州大学最高级别的教职员工。瓦穆斯1993—1999年任国家卫生研究所主任。2000年

社会效应：　　　　癌症与生活方式

大多数研究人员现在相信癌症是生活方式造成的，例如吸烟。1996年，哈佛大学公共健康学院的报告指出30%的人类癌症由烟草引起，另外30%由肥胖和不良饮食习惯引起。

吸烟与某些癌症，例如20世纪50年代发现的肺癌，在统计上有明显的关联，在烟草的烟雾中还发现了几种引起动物癌症的化学物质。科学家之前并不很清楚地知道吸烟怎样引起癌症，直到1996年10月，得克萨斯州和加州的研究人员证实烟草烟雾中的一种致癌物质破坏肺部细胞中的p53肿瘤抑制基因。这种破坏在许多肺部肿瘤中都有发现。

饮食似乎会影响患上结肠癌和其他癌症的风险。高脂肪类的饮食、酒精、烤焦的或腌制的肉类，都会增加患上癌症的概率。另一方面，食用大量水果和蔬菜则会降低癌症风险。花椰菜、蓝莓之类的水果和蔬菜含有大量防止DNA受损的成分。

不过，有一些批评者认为，政客和媒体过分热衷于“谴责癌症的受害者”。这些评论员认为来自工业污染的致癌物质与食品和香烟中的致癌物质在引发癌症方面扮演着同样重要的角色。例如：有机氯，这种物质存在于杀虫剂、塑料和许多其他常用材料中，这种物质已被证明会扰乱人和动物的内分泌。在有机氯污染严重的地区，人们发现一种反常的现象，大量妇女患乳腺癌。一些研究人员推断，暴露在这种污染下，患乳腺癌或者可能还有其他癌症的概率会增加。

后，他担任纽约市纪念斯隆-凯特林癌症研究中心（Memorial Sloan-Kettering Cancer Center）首席执行官，这个研究中心是美国历史最悠久且最大型的私人癌症研究所。

瓦穆斯和毕晓普获奖无数，多数是他们共同获得的。其中最重要的一个奖项是1989年他们共获诺贝尔生理学或医学奖。1982年，他们还获得阿尔伯特·拉斯克基础医学研究奖，1984年，他们获得了阿曼德·汉默癌症研究奖（Armand Hammer Cancer Research Prize）、通用汽车癌症基金会的阿尔弗莱德·P. 斯隆二世奖和盖尔德纳基金会国际奖。毕晓普2005年年初被授予美国国家科学奖章。瓦穆斯2001年荣获两项著名奖项，一项是美国国家科学基金会的万尼瓦尔·布什奖，表彰他在科学和公共服务方面的终身成就，另一项是美国国家科学奖章。

一幅复杂的图景

安吉尔在一本讲述20世纪70年代和80年代癌症研究的书《自然的困扰》（Natural Obsessions）中引用加州拉霍亚萨克研究所托尼·亨特（Tony Hunter）的话："我们预料这事（癌症研究）很复杂，实际上，这比我们想象的还要复杂得多。"新发现证明亨特是对的。比如说，2004年，加州和法国的研究人员发现第三种与癌症有关的基因——条件肿瘤抑制基因。这种基因有的时候会减缓肿瘤生长速度，有时会加速肿瘤生长，取决于它与细胞中某种蛋白质的相互作用。

不管癌症的成因多么复杂，这种恐怖的疾病背后的基本真相就是毕晓普和瓦穆斯1976年揭示的：无论是遗传的还是由环境引起的癌症，这种疾病是从基因的变化开始的。毕晓普和瓦穆斯获得诺贝尔奖时，《科学新闻》（Science News）的一篇文章中，A. 麦肯齐（A. Mackenzie）引述与他们同时获奖的戴维·巴尔的摩（David Baltimore）的话说："（他们的）工作让我们从一个新角度思考癌症。在他们的发现之前，只有一些猜测，癌症可能与基因有关。现在，这是确定的事了。"最后，癌症并不是外部敌人入侵造成的，而是体内疯狂的反叛造成的。正如毕晓普对安吉尔说的那样，"我们携带着我们的癌症的种子。"

生平年表

1910 年	罗斯推断一种鸡的癌症是由病毒引起的
1936 年	2 月 22 日，毕晓普出生于宾夕法尼亚州的约克镇
1939 年	12 月 19 日，瓦穆斯出生于纽约欧申赛德镇
1962 年	毕晓普获得哈佛医学院医学博士学位 瓦穆斯在哈佛大学取得 17 世纪英语言文学硕士学位
1966 年	瓦穆斯获得哥伦比亚大学内科与外科医学院医学博士学位
1968 年	毕晓普在加州大学旧金山分校任教
1969 年	毕晓普与瓦穆斯相识
1970 年	瓦穆斯加入毕晓普的实验室
20 世纪 70 年代初	霍布尼和托德罗从理论上提出，癌症的出现，是因为病毒在遥远的过去插入细胞的致癌基因，使之被激活导致的
20 世纪 70 年代末	斯贝克特在多种生物中发现致癌基因的正常形式，显示这些基因在细胞中承担重要工作
1971 年	卡纳德森推断一种眼部癌症视网膜母细胞瘤，是因为一个未知基因的两份拷贝同时失活造成的
1976 年	毕晓普和瓦穆斯的实验室发现一个正常的细胞基因与一个致癌基因十分相像，推断致癌基因来源于正常细胞
20 世纪 80 年代初	研究人员弄清楚了致癌基因的正常形式在细胞中承担的各种工作，还有正常形式转变成致癌形式的各种机制
1981 年	温伯格在人类癌症中发现一个致癌基因
1982 年	毕晓普和瓦穆斯荣获阿尔伯特·拉斯克基础医学研究奖
1983 年	温伯格实验室报道，正常形式和致癌形式的 ras 致癌基因只有一个碱基的差别
1984 年	瓦穆斯在 UCSF 建立自己的实验室 瓦穆斯和毕晓普获得几个重要奖项

1986 年	温伯格实验室的研究人员弗兰德确认首个肿瘤抑制基因 Rb(视网膜母细胞瘤)
20 世纪 80 年代末	研究人员发现其他肿瘤抑制基因。沃格斯坦证实结肠癌至少需要 4 个不同的突变才会发病
1989 年	毕晓普和瓦穆斯获得诺贝尔生理学或医学奖
1993 年	瓦穆斯出任国家卫生研究所主任
1998 年	毕晓普就任 UCSF 校长
1999 年	瓦穆斯辞去国家卫生研究所主任一职
2000 年	瓦穆斯出任纪念斯隆-凯特林癌症研究中心首席执行官
2001 年	瓦穆斯获得国家科学奖章和国家科学基金的万尼瓦尔·布什奖
2004 年	条件肿瘤抑制基因,第三种与癌症有关的基因被发现。
2005 年	毕晓普获得国家科学奖章

扩展阅读

图书:

纳塔利·安吉尔(Angier, Natalie)著,《自然的困扰》(Natural Obsessions)。纽约:华纳书屋(Warner Books),1988 年。有关 20 世纪 70 年代和 80 年代癌症研究进展的书,主要讲述温伯格实验室的发现,也包括毕晓普和瓦穆斯的发现。

迈克尔·J. 毕晓普(Bishop, J. Michael),《怎样赢得诺贝尔奖:意外的科学生涯》(How to Win a Noble Prize: An Unexpected Life in Science)。马萨诸塞州,剑桥:哈佛大学出版社,2003 年。包含自传材料,总结传染病和癌症的科学发现,对科学家与政客、公众关系之间的思考。

哈罗德·瓦穆斯(Varmus, Harold)和罗伯特·A. 温伯格(Robert A. Weinberg)合著,《基因和癌症生物学》(Genes and the Biology of Cancer)。纽约:科学美国人图书馆,1993 年。讲述癌症的细胞生物学发现,附有精美的插图,但是有些部分深奥难懂。

文章:

纳塔利·安吉尔(Angier, Natalie),《哈罗德·E. 瓦穆斯:走出实验室走进办公室》

(Harold E. Varmus: Out of the Lab and into the Bureaucracy),《纽约时代》(New York Times),1993年11月23日,B5,C1版。瓦穆斯出任国家卫生研究所主任时的采访和概评。

迈克尔·J.毕晓普(Bishop, J. Michael),《迈克尔·J.毕晓普——自传》(J. Michael Bishop-Autobiography)。1989年诺贝尔奖。可以从网上获得:URL: http://nobelprize.org/medicine/laureates/1989/bishop-autobio.html。2004年12月2日访问。毕晓普1989年与他人共同获得诺贝尔生理学或医学奖时写的简略的自传。

同上,《致癌基因》(Oncogene),《科学美国人》(Scientific American),1982年3月,第80—92页。描述致癌基因的发现及其性质。有些晦涩难懂。

詹姆斯·法罗斯(Fallows, James)著,《政治科学家》(The Political Scientist),《纽约客》(New Yorker),1999年6月7日,第66—74页。长篇幅的回忆瓦穆斯在国家卫生研究所任主任期间的工作。

A.麦肯齐(MacKenzie, A.)著,《通向诺贝尔奖的基因之路》(Gene-Tracking Leads to Nobel Prize),《科学新闻》(Science News),1989年10月7日,第244页。报道1989年诺贝尔生理学或医学奖得主。

吉恩·L.马克思(Marx, Jean L.),《癌症基因研究获诺贝尔医学奖》(Cancer Gene Research Wins Medicine Nobel),《科学》(Science),1989年10月20日,第326—327页。描写毕晓普和瓦穆斯赢得诺贝尔奖的研究工作。

多米尼克·斯特赫林(Stehelin, Dominique)等,《与鸟类肉瘤病毒转变基因有关的DNA在正常鸟类DNA中出现》(DNA Related to the Transforming Gene(s) of Avian Sarcoma Viruses Is Present in Normal Avian DNA),《自然》(Nature),1976年3月11日,第170—173页。科学论文,报道致癌基因src似乎起源于正常鸡细胞。

哈罗德·E.瓦穆斯(Varmus, Harold E.),《哈罗德·E.瓦穆斯——自传》,(Harold E. Varmus-Autobiography),1989年诺贝尔奖。在线阅读。网站:http://nobelprize.org/medicine/laureates/1989/varmus-autobio.html。2004年12月2日访问。瓦穆斯1989年与他人共同获得诺贝尔生理学或医学奖时写的简略自传。

哈罗德·E.瓦穆斯(Varmus, Harold E.),《当代传记年鉴(1996)》(Current Biography Yearbook),纽约:H. W.威尔逊(H. W. Wilson)出版社,1996年。瓦穆斯的传记,有许多采访,包括他的科学工作和在国家卫生中心的主任任期等内容。

4 更新基因

——弗伦奇·安德森与基因疗法

1958年，沃森和克里克解开DNA结构短短5年后，一个哈佛的毕业生参加了一次研讨会。他听到一位来访的教授讲述在血红蛋白结构方面的新发现，血红蛋白是血液中携带氧气呈红色的蛋白质。在一本记录基因疗法诞生，名为《修正密码》(Correcting the Code)的书中，拉里·汤姆森(Larry Thompson)记录下那个年轻人当时说的话：

> *如果有可能找出正常血红蛋白的结构，那么或者也可以找出镰刀状血红蛋白的结构(镰刀状细胞贫血患者体内有缺陷的血红蛋白，是一种常见的遗传病)，然后就能判断缺陷是什么。然后……可能可以放入正常血红蛋白的基因，使镰刀状血红蛋白恢复正常。*

那位教授对这个新奇的想法一点兴趣都没有。“这是一次严肃的科学讨论”，他打断年轻人的话说，“如果你想做白日梦，自己慢慢做去吧。”

当然，被批评是让人难受的。但这并没有阻止那个学生——W.弗伦奇·安德森(W. French Anderson)，他幻想通过修补受损的基因治愈人类疾病，不过，被批评也没让他放弃自己的想法。正相反，他执着地追求基因疗法之梦，直到1990年梦想成真。那一年，第一次，一个患有遗传病的孩子通过改变基因踏上康复之路。

少年时代的梦想

威廉·弗伦奇·安德森(William French Anderson),1936 年 12 月 31 日生于俄克拉何马州(Oklahoma)的塔尔萨市(Tulsa),他的成绩在学校里总是遥遥领先。当其他同学在分级读本中苦读时,他正贪婪地阅读大学课本。经过安德森本人的许可,从他的《当代传记年鉴(1994)》概述中引用的话来说,他是“一个古怪的小男孩”。五年级时,一个同学告诉他,他是学校里最不受欢迎的男生。

安德森领导的小组在获得批准后,首次对人类成功实施基因疗法。(弗伦奇·安德森)

安德森决心改变这种状况。首先,为了标榜他全新的个性,他把自己的常用名字从比尔改成全名中间的弗伦奇。然后,他开始与自己差不多一样精力旺盛,做事果断的同学交朋友,正是这两种性格特征后来照亮了通往新的医学疗法坎坷不平的道路。到了七年级时,他看上去完全可以竞选班长了。

安德森 10 岁起就想当一名医生。读完高中后,他继续发现自己想做研究,而不是处理患者。1953 年,他在申请哈佛大学的前夕了解到沃森和克里克发现的 DNA 结构,那时,他对自己许下两个诺言:“我要亲身参与奥运会,我要治愈受损的分子。”(译者注:安德森 1981—1988 年间担任美国国家跆拳道队队医,并随队参加 1988 年汉城奥运会)这是当杰夫·里昂(Jeff Lyon)和彼得·戈尔纳(Peter Gorner)为有关基因疗法的新书《改变命运》(Altered Fates)采访他时,安德森告诉他们的。

安德森的职业生涯一开始,就跟最顶尖的科学家一同工作。他在哈佛遇到沃森,1958 年从哈佛毕业后,安德森到剑桥克里克那里读研究生。1960 年,他获得剑桥大学的硕士学位后,回到哈佛,继续学习医学,1963 年取得博士学位。1965 年,他前往国家卫生研究所,加入马歇尔·尼伦伯格(Marshall Nirenberg)的实验室,尼伦伯格致力于解读基因密码。汤姆森在书中写道,安德森既稳妥又积极,很快成为尼伦伯格的"左右手"。

安德森1968年第一次治疗遗传病患者。那种病是重型地中海贫血,一种罕见的血液病,就像比较常见的镰刀型贫血症一样,也是因为制造血红蛋白的一个基因损坏造成的。安德森发展了一种疗法,帮助重型地中海贫血症患者延长生命,但并不能治愈疾病或者从病根处下手修复有缺陷的基因。安德森1974年停止了这类研究,因为这不能让他接近他的目标——基因疗法。

毁灭性的疾病

在20世纪70年代,基因工程发明时,安德森希望他的修复人类基因的梦想能因此更接近现实。可是,他与其他许多研究人员发现,对细菌十分成功的基因转移技术对人类细胞不起作用。不过到了1984年,麻省理工学院的一位科学家理查德·穆里根(Richard Mulligan)发明了一种方法,利用逆转录酶病毒把基因移入哺乳动物的细胞中。逆转录酶病毒是天生的基因工程师,这种病毒把自己的基因组插入细胞中,细胞在复制自己的遗传材料时也会同时复制病毒的基因,这些病毒就是通过这种方法繁殖的。为了让病毒变成安全的,穆里根将病毒中掌管繁殖和引起疾病的基因去掉;然后用他想转移的基因取代病毒基因。病毒就会将剩下的新基因组插入细胞。

安德森马上开始计划采用穆里根的技术治疗遗传病。首先,他必须决定要对付哪种病。他知道他要选择一种疾病,这种病仅仅是由基因中的一个缺陷造成的,因为即使只是将一个基因插入细胞内,再让这个基因工作,都是一件十分棘手的事。这个基因的"身份"必须确定,这样才能在实验室中大量制备。最后,将基因插入相对而言比较少量的细胞中,这些细胞可以方便地从人体中取出来再放回去(例如血细胞),中选疾病必须能够通过这种方法治愈。

只有少数几种遗传病符合这些要求。安德森选定一种叫做腺苷脱氨酶缺乏症的疾病。这种疾病非常罕见,全世界大概只有40名患者,但是这种病是致命的。

相关链接：　好消息-坏消息基因

科学家们一直困惑不解，为什么引起某些遗传病的基因，例如重型地中海贫血和镰刀状贫血的基因在某些人群中存活了那么久，因为这些疾病通常会使患者早逝。一种解释这个疑团的很有趣的理论现身了。

大多数疾病都是由隐性基因遗传的，这说明只有当一个小孩从双亲处遗传得到了两份有缺陷的致病基因后，才会发病。遗传得到一份有缺陷的基因拷贝和一份健康的基因拷贝的人则是健康的。这种人叫做带基因者，因为他们携带这种基因，还有可能把疾病传给他们的孩子，虽然他们自己并不发病。

这种理论认为，在某些环境下，重型地中海贫血或某些血液病基因携带者，可能实际上比某些遗传了两份正常基因的人还要健康。研究人员证实，遗传了一个重型地中海贫血或者镰刀状贫血的有缺陷的基因拷贝的人，跟只有正常基因的人相比，似乎对疟疾更有抵抗力（疟疾是一种由微生物引起的严重的血液感染）。这些遗传病患者的祖先通常来自地中海地区或者非洲，在那里疟疾是常见病。因此，那个受损的基因可能给带基因者一种进化优势，即使他们一部分孩子会夭折。

腺苷脱氨酶缺乏症患者的细胞不能制造一种叫做腺苷脱氨酶（ADA）的化学物质，但是免疫系统（人体的防御系统）的某些血细胞必须有这种物质才能活下去。缺少 ADA 后，免疫系统无法起作用。就像患了艾滋病的人，患有腺苷脱氨酶缺乏症的小孩几乎不断地受到感染。大多数患者会在两岁前死亡。

向治疗迈进

了解到安德森对腺苷脱氨酶缺乏症的兴趣后，他的妻子凯西，一名儿童外科医生，介绍他认识另一位 NIH 科学家迈克尔·布利兹（Michael Blaese）。布利兹是一位 ADA 缺乏症和其他儿童免疫系统疾病的专家。他和安德森 1984 年开始合作。

安德森和布利兹希望通过将制造 ADA 的基因放入干细胞中治疗腺

苷脱氨酶缺乏症，干细胞自身的寿命很长，位于骨髓中制造血液里所有种类的细胞，可惜的是，他们无法将基因放入这类细胞。不过，在1987年年中，安德森-布利兹研究小组的一位成员唐·孔恩(Don Kohn)，成功将基因移入白细胞。白细胞是血液中的免疫系统细胞，它没有干细胞那么长寿，但是有些能存活10年或者更长时间。研究人员推断，如果他们可以让足够的白细胞接受ADA基因，那么这种疗法可能跟采用干细胞的疗法相比，效果差不多。

当小组的其他成员都在为ADA项目的技术问题埋头苦干时，安德森着手解决政策方面的问题。在人类身上试用这种新疗法之前，他们必须获得联邦食品和药物管理局(FDA)、重组DNA咨询委员会(RAC)的批准，其中联邦食品和药物管理局监管所有医学治疗的人体实验。要想获得批准，安德森必须让这两个机构相信他的疗法将会是安全有效的。1987年，他第一次向重组DNA咨询委员会提出申请，但是被否决，理由是这种治疗还需要更多的动物实验。

不久后，安德森计划的另一个障碍出现了，一种治疗腺苷脱氨酶缺乏症的新药开发成功，这种新药看起来比基因疗法风险低得多。ADA本身在人体中迅速分解，所以不能把它直接制成药片或者针剂送入体内，不过北卡罗来纳州(North Carolina)杜克大学的一名研究人员发明了一种方法，将ADA同聚乙二醇化合。这样得到的PEG—ADA药物，可以在血液中存在，每周注射PEG—ADA让一些患腺苷脱氨酶缺乏症的孩子开始过上比较正常的生活。不过，安德森了解到，那种药物并不能帮助所有患有这种病的小孩。他仍然希望说服重组DNA咨询委员会，批准他对那些PEG—ADA不起作用的孩子尝试基因疗法。

小小的一步，巨大的飞跃

1988年，安德森和布利兹找到一种可能使基因疗法获得批准的捷径，在这个方案中基因疗法可能不需要牵涉任何疾病。这种方法跟NIH的另一位科学家斯蒂芬·A.罗森堡(Steven A. Roseberg)有关，罗森堡是国家癌症研究所的主治医生。罗森堡发现一种免疫系统细胞会攻击肿瘤，他尝试采用一种方法加强这些细胞，先把这种细胞从患者的血液中分离出来，用不同的物质处理它们，然后再重新注射回人体。他有一小部分实验成功了，但是大多数都不成功，他想知道为什么。为了找出原因，他

追踪有标记的细胞

1. 从癌症患者血液中提取出免疫系统细胞

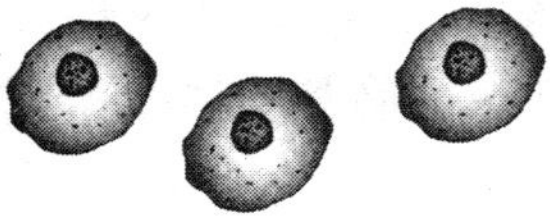

2. 细胞在实验室中强化；新霉素抗药性基因(●)加入细胞

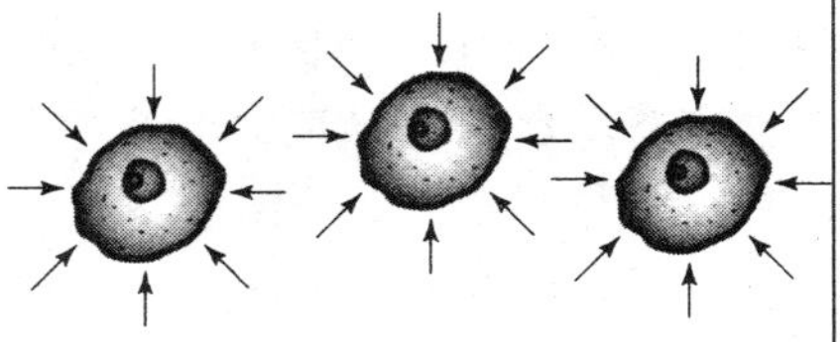

3. 细胞重新注射入患者体内

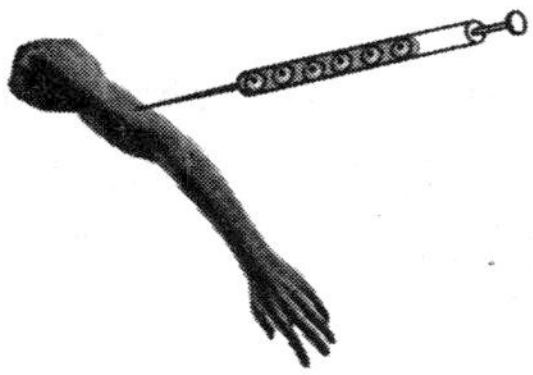

4. 取出小片患者的肿瘤组织

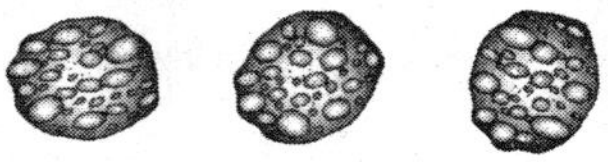

5. 肿瘤组织细胞放入装有营养物质和新霉素的培养皿

6. 所有细胞死亡：没有标记细胞在肿瘤中存活　　或　　部分细胞存活：肿瘤组织中包含一些带有抗药性基因的细胞

在首次基因改造细胞注入人体实验中，附加的基因仅仅只是标记物。作为癌症治疗实验的一部分，罗森堡试图强化对抗肿瘤的免疫系统细胞。在安德森的建议下，罗森堡从癌症患者的血液中提取免疫系统细胞(1)。罗森堡在实验室处理这些细胞时，给这些细胞加上一个基因，使它们对新霉素产生抗药性(2)。然后，他将这些细胞重新注入患者体内(3)。几天后，罗森堡取出小片患者的肿瘤组织，放入含有新霉素的培养皿中(4)。如果他标记的任何细胞附在肿瘤上，那些细胞可以存活下来，但是没有抗药基因的细胞就会死亡(5)。罗森堡就能知道他强化后的细胞有没有进入患者的肿瘤组织。

需要一种方法标记那些细胞，这样，当细胞被重新注射入患者体内后，就可以追踪它们的活动。

布利兹建议罗森堡在实验室里给这些细胞附加一个基因，也许可以起到他想要的效果。布利兹推荐一种能让细胞对一种抗生素——新霉素产生抗药性的基因。携带这个基因的细胞很容易确定，因为这种细胞可以在含有新霉素的培养皿中生长，而大多数其他细胞都不能。布利兹和安德森决定与罗森堡一同制造这种改造细胞。

这个抗药性的基因预计不会对患者和肿瘤有任何影响；他的唯一用途就是做标记。这种情况，再加上罗森堡坚持他只会将基因改造后的细胞注入濒临死亡的患者体内，重组 DNA 咨询委员会和联邦食品和药物管理局同意他们进行实验。

1989 年 5 月 22 日，罗森堡-安德森团队将第一剂改造细胞注入一个患恶性皮肤瘤的卡车司机体内，恶性皮肤瘤是一种致命的皮肤癌。里昂和戈尔纳在书中写道，那次治疗开始后不久，有人在安德森的实验室里竖起一个标语，模仿宇航员尼尔·阿姆斯特朗(Neil Armstrong)踏上月球后说的第一句话，“这是基因的一小步，但是遗传学的一大步。”

一个名叫阿善娣的小女孩

基因工程细胞看来没有危害罗森堡的患者，所以安德森小组开始希望能在短时间内获得许可，进行他们雄心勃勃的计划。布利兹知道美国国内所有患 ADA 缺乏症的孩子，他从中选出一个最可能因基因疗法受惠的孩子。一个名叫阿善娣·德西瓦(Ashanthi DeSilver)的 3 岁女孩，昵称阿善，和她的爸爸拉兹·德西瓦(Raj DeSilver)、妈妈范·德西瓦(Von DeSilver)在俄亥俄州克里夫兰市(Cleveland)生活，德西瓦先生在那里做化学工程师。阿善的父母把她留在家里，与别的小孩分开，希望这样可以阻止她从出生起就不断发生的感染。她有规律地注射 PEG—ADA，最初，药物对她有效，但后来失效了。

布利兹和其他科学家 1990 年开始跟德西瓦夫妇沟通。在考虑可能带来的种种好处和风险后，其中的风险包括如果病毒将基因材料插入错误的位置可能引起癌症，阿善的父母同意让她接受治疗。重组 DNA 咨询委员会在 1990 年夏，联邦食品和药物管理局在 9 月初，批准了实验。

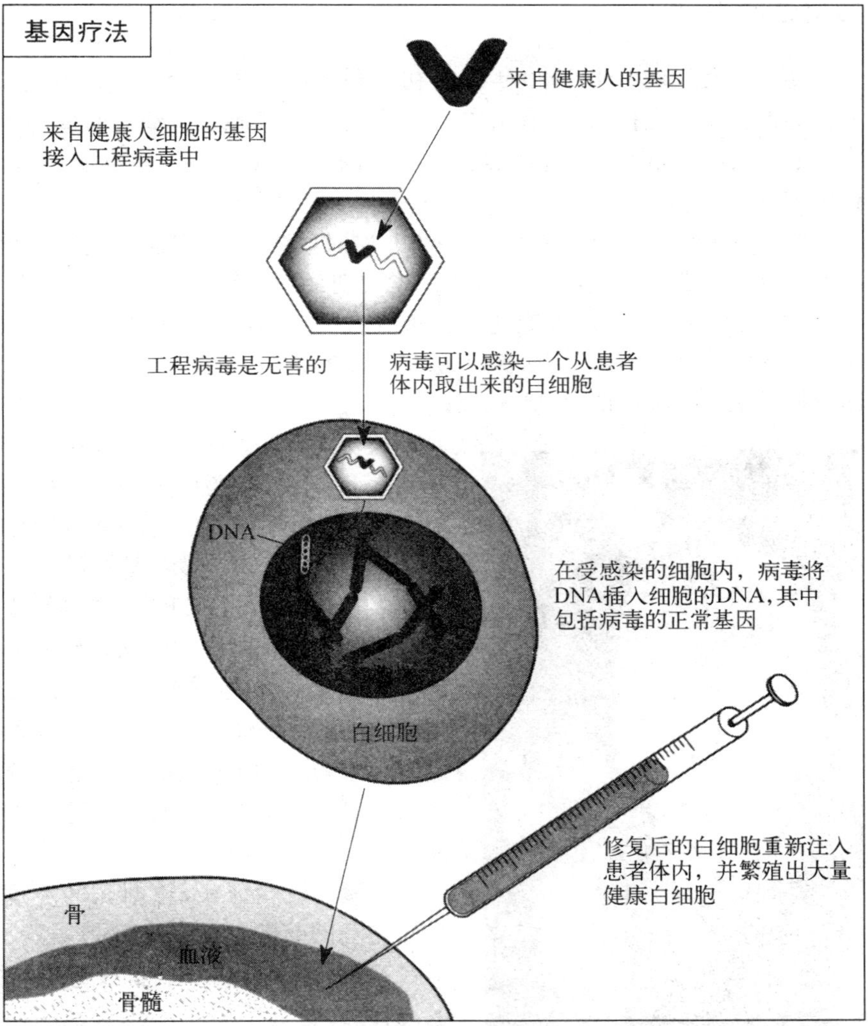

为了治疗德西瓦，安德森和他的同事利用基因工程技术，将制造 ADA 的人类基因(黑色线段)插入逆转录酶病毒的基因组中。这里用到的病毒的基因经过改造，使这些病毒既不会繁殖也不会引起疾病。白细胞来自德西瓦的血液，在实验室的培养皿中生长。把病毒加入培养皿后，感染部分细胞，将 ADA 基因连同病毒自身的 RNA 一起插入这些细胞中。当这些细胞重新注入德西瓦体内，新基因开始在她体内制造 ADA，使她的免疫系统正常工作。

历史性的治疗

德西瓦和她的父母1990年9月初来到NIH。安德森的团队9月5号从德西瓦胳膊上抽血，过滤出白细胞后，再将红细胞和血清送回她的体内。然后，他们把白细胞送到实验室，与含有ADA基因的病毒混合，再让细胞繁殖10天。

终于，在9月14日，德西瓦4岁生日刚过，她一边看着床边电视上播出的《芝麻街》节目一边经历着载入医学史册的历史事件。半小时过后，大约10亿个她自己的白细胞通过针管流进手上的血管。这个过程很像一次常规的输液。不过，德西瓦身边的安德森和其他科学家都希望，这次输液能带给阿善救命的ADA基因。

1990年9月，在德西瓦历史性的治疗后，她和安德森穿过医院走廊。

最初，德西瓦的基因治疗每个月都重复进行。她也注射PEG—ADA以防万一，假如基因疗法失败的话。但是注射剂量渐渐减少至原先的1/4。1992年8月，在经过11次治疗后，安德森的团队停止了基因疗法，因为，看来德西瓦已经不再需要了。ADA基因已经进入了她体内一些寿命很长的白细胞中，这些白细胞的后代已经充分取代了有缺陷的白细胞，保障她的健康。

实验室检验证实，德西瓦的免疫系统在基因疗法开始后稳步改善，一年内完全恢复正常。小女孩重获新生，也较少受到感染了。虽然她的病没有完全治愈，但是她开始上学，与朋友们玩耍，渐渐过上一个正常孩子的生活。1995年，安德森在写给《科学美国人》的一篇文章中说，“德西瓦已经从一个被隔离在家、总是生病、离开家就是去看医生的小女孩变成一个健康、充满活力、热爱生活、什么事情都想干的9岁小孩。”2004年的德西

社会效应：　　设计婴儿和超人类

约瑟夫·莱文(Joseph Levine)和戴维·铃木(David Suzuki)合著的《生命的秘密》(The Secret of Life)一书，介绍了现代遗传学的种种发现。书中写到，在德西瓦第一次接受基因治疗那天，安德森告诉记者，那个时刻是“一种文化上的突破……这个事件将改变以往我们作为一个群体思考我们自己的方式。”他还提到，从那时起，人们可以将基因视为有可能想变就能变的东西，而不是必须接受的遗产。

并非人人都喜欢这种想法。改变基因可以治愈或预防像德西瓦患的那样有可能致命的疾病，很少有人反对这种改变，但像杰里米·里夫金(Jeremy Rifkin)这样的批评家质疑，如果人类基因改造变得很容易，那么基因疗法将不仅限于治疗疾病。运动员为了在运动场上赢得优势，可能会采用基因疗法加强肌肉或者别的什么重建身体。父母可能会为了防范一些小毛病，例如近视，要求改变或者选择未出生的孩子的基因，还可能会希望加强一些好特征，比如说智力。基因增强——改造基因试图让基本健康的人“更好”——可能会削减人类多样性，甚至有可能造成一种群体灭绝，例如大量父母决定改变孩子的肤色。因为这些潜在的危险，以安德森为例，曾说基因疗法只能用于治疗和预防很严重的病。

涉及生殖细胞(精子和卵子)的基因改造时，伦理问题会更严重，生殖细胞的基因是唯一可以传给子孙后代的基因。迄今为止，还没有基因疗法这样做过。举个例子，如果德西瓦将来有子女，那么她的子女将不能通过遗传得到健康的ADA基因。许多伦理学家和科学家认为，种系(译者注：简单地说，种系细胞就是将发育成精细胞和卵细胞的细胞，以产生后代的一种特殊的细胞)或可遗传的基因绝对不能改造，即使是为了预防疾病。一个现在看似美好的改变可能会在几代人后变成整个家族的灾难。

虽然如此，基因增强和改造种系基因是有支持者的。基因增强的支持者认为，这事不会比小孩子矫正牙齿或送孩子去私立学校糟糕。有的人，包括遗传学先驱沃森，走得更远，认为改造种系基因将有利于全人类。

瓦已经是一位年轻的女士了，仍然健康，她体内 1/4 的白细胞携带正常 ADA 基因。基因疗法对第二个 ADA 缺乏症患者辛西娅·卡召尔(Cynthia Cutshall)的治疗结果也同样鼓舞人心。

基因疗法坎坷的道路

在德西瓦里程碑式的治疗后，安德森和其他研究人员继续实验采用改变或取代基因的办法治疗疾病。他们探索的基因疗法，不但只是像 ADA 缺乏症那样的遗传病，还有那些与基因有关但是不会遗传的普通疾病，例如心脏病、癌症和艾滋病。

遗憾的是，德西瓦的案例只是少数几个基因疗法大获全胜的故事。有的治疗在早期取得可喜的效果，但后来遇到问题。例如，一些患者的免疫系统消灭了携带基因的病毒，而这些遗传物质“运输卡车”还没能完成任务。另一些案例中，患者对病毒过敏。

因为两次灾难性的事件，对基因疗法的热情在 21 世纪开始时降到了冰点附近。第一件事故，1999 年 9 月 17 日，一个名叫耶西·盖辛格(Jesse Gelsinger)的青年在接受一项遗传性肝病的基因疗法实验后死亡。2002 年，法国的两个小孩因类似德西瓦的免疫系统疾病接受基因疗法后，罹患白血病。这种疗法已经治愈了孩子们的病，但是研究人员发现有的病毒将替代基因插入错误的位点，激活了一个致癌基因，引发癌症。

这些悲剧动摇了基因疗法的根基。重组 DNA 咨询委员会和一些政府机构指责少数研究人员没有报告另一些案例，在这些案例中，基因疗法出现了一些有害的副作用。于是，他们大大加强对这个领域监管的严格程度。在法国小孩白血病确诊后很短时间内，联邦食品和药物管理局终止了美国国内的第三次基因疗法人体实验。

作为对基因疗法的批评的回应，这个领域内的研究人员正努力工作为之正名，同时改进计划内实验的安全性。例如，有些人正在开发无需利用病毒导入基因的方法。2004 年 9 月，美国基因疗法学会主席凯瑟琳·海(Katherine High)对《科学家》(Scientist)记者乔西·P. 罗伯茨(Josh P. Roberts)说“这个领域基本走上正轨了”。

争论焦点：　　多少风险是可以接受的？

任何一种新疗法都有风险。为了确定可能的风险，研究人员在治疗人类之前在小白鼠之类的动物上实验新药物或新疗法。首次人体实验通常在少数几个志愿患者身上进行，别的治疗对这些志愿患者通常不起作用。这类实验的设计目标并不是治愈疾病，而是找出副作用（有害的或是无法预料的作用）。如果副作用很小，这种治疗就会推广至大量患者。任何疗法在获得联邦食品和药物管理局批准上市前，都必须通过三阶段的人体测试。

在某人参加新疗法实验前，研究人员会让他签署一张表格（如果他是一个小孩的话，则由其父母签署）。这张表格包括这种疗法的信息、已知的任何可能的副作用和那些副作用可能是怎样产生的之类信息。签署完表格后，表示受试者“知情同意”，接受治疗的风险。对某些基因疗法实验的一项批评意见认为，包括盖辛格事件在内，使用的同意表格隐瞒了之前实验中出现的不良反应。盖辛格死后，新管理条例强调表格必须完整清晰。

有的基因疗法研究人员认为，新管理条例在控制风险方面太严格了。这些科学家认为，一些不良后果乃至死亡，在像基因疗法这种革命性的治疗方式的早期都是不可避免的。“1（死亡）：5000（截至此时接受基因疗法的人数）——不应该视为一个不良安全记录”，布利兹在盖辛格死后不久对《商业周刊》（Business Weekly）记者说。布利兹声称“每年有数千患者死于对阿司匹林的反应”，但是没有人要求禁止使用这种常用药。患者和他们的家人常说他们愿意承担实验性疗法的风险，因为他们别无选择。

保持乐观

基因疗法一路颠簸起伏，安德森一直相信基因疗法将会是治愈和预防许多疾病的最佳方案。当鲍勃·伯克（Bob Burke）和巴里·艾帕森（Barry Epperson）准备写安德森的传记《W. 弗伦奇·安德森：基因疗法之父》（W. French Anderson：Father of Gene Therapy）时，安德森的妻子告诉他们：“那是他的使命，他不会放弃的。他从没想过失败的可能。”

安德森本人继续工作着,希望基因疗法得到更多认同。1992 年,他离开国家卫生研究所调动到位于洛杉矶的南加州大学,现在,他在这所大学的凯克医学院领导一个基因疗法实验室。他还是医学院的生物化学和小儿科教授,马里兰一家名为基因疗法公司的生物技术公司的创始人。

安德森的实验室就像许多其他实验室一样,试图使基因疗法既安全又有效。例如,他的团队正开发一些利用病毒的方法,希望能克服部分过去遇到的问题。他们还开发一些技术将基因插入干细胞。引起更多争议的是,安德森提出当某些遗传病婴儿还在母亲腹中时就要采取治疗措施。他说,只有这类治疗才能在出生前阻止不可挽回的损伤。一些科学家和批评家反对这种治疗,因为这样会改变未出生婴儿体内的生殖细胞基因,而这些基因会传给子孙后代。

虽然有些人不欣赏他的工作,安德森还是获得了许多奖项:1992 年获得美国卫生和福利部杰出服务奖,1994 年获得费萨尔国王国际医学奖,1995 年获得美国国家生物化学奖和 2003 年的高特研究所医学奖。1997 年,《时代》杂志评选他为“医学英雄”之一。1998 年,安德森入选俄克拉何马州名人堂。此外,他还获得 5 个名誉博士学位。

盖辛格死亡事件和法国小孩患病事件提示我们,基因疗法在很长一段时间内还不能成为一种常规的医疗手段。即使有一天成功了或者是在部分程度上获得成功,那也是因为安德森的执着和决心。

生平年表

1936 年	12 月 31 日,安德森出生于俄克拉何马州的塔尔萨市
1963 年	安德森获得哈佛大学医学博士学位
1965 年	安德森加入国家卫生研究所尼伦伯格的实验室,破译遗传密码
1968 年	安德森着手研究重型地中海贫血
1974 年	安德森结束重型地中海贫血方面的工作,因为这项工作并不通向基因疗法
1984 年	穆里根发明了一种方法,使逆转录酶病毒安全后,用它作为遗传媒介携带基因,安德森和布利兹开始计划用基因疗法治疗 ADA 缺乏症

1987年	孔恩发明了一种方法将ADA基因植入白细胞中 RAC否决安德森小组实施基因疗法的第一次申请 一种治疗ADA缺乏症的药物PEG—ADA诞生
1988年	安德森、布利兹和罗森堡计划在一次实验性的癌症治疗中采用附加基因作为标志物
1989年	5月22日，罗森堡的团队首次将外源基因插入人类基因组中
1990年	夏季，重组DNA咨询委员会批准安德森的小组用基因疗法治疗一个患ADA缺乏症孩子。患儿的父母德西瓦夫妇同意治疗 9月14日，安德森将基因改造后的细胞放回德西瓦体内，首次采取基因疗法治疗疾病
1992年	安德森从国家卫生研究所调往南加州大学(洛杉矶) 德西瓦的基因治疗8月结束
1999年	9月17日，盖辛格因一次实验性的基因疗法死亡
2002年	法国的两个小孩通过基因疗法治愈一种免疫系统疾病后罹患白血病

扩展阅读

图书：

鲍勃·伯克(Bruke, Bob)和巴里·艾帕森(Barry Epperson)著，《W.弗伦奇·安德森：基因疗法之父》(W. French Anderson: Father of Gene Therapy)，俄克拉何马州，俄克拉何马市：俄克拉何马遗产协会(Okalahoma Heritage Association)，2003年。安德森的传记，他是基因疗法的先锋，一直是基因疗法坚定的支持者之一。

约瑟夫·莱文(Levine, Joseph)和戴维·铃木(David Suzuki)合著，《生命的秘密》(The Secret of Life)。波士顿：WGBH教育基金，1993年。记录遗传学和基因工程的最新进展。

杰夫·里昂(Lyon, Jeff)和彼得·戈尔纳(Peter Gorner)著，《改变命运》(Altered Fates)。纽约：W. W. 诺顿(W. W. Norton)，1995年。记录基因疗法的发展，包括20世纪90年代早期德西瓦治疗之后的实验。

拉里·汤姆森(Thompson, Larry)著，《修正密码》(Correcting the Code)。纽约：西蒙

和舒斯特出版社(Simon and Schuster),1994 年。主要记录安德森的工作,也包括使基因疗法得以实现的分子生物学和基因工程进展。

丽莎·扬特(Yount,Lisa)著。《基因疗法》(Gene Therapy)。加利福尼亚,圣地亚哥:路森特书屋(Lucent Books),2002 年。回忆基因疗法的发展过程,对不同疾病的实验性基因疗法以及 20 世纪 90 年代末对这个领域的争论。

文章:

W. 弗伦奇·安德森(Anderson, W. French),《基因疗法》(Gene Therapy)。《科学美国人》(Scientific American),1995 年 9 月,第 124—128 页。记录安德森对德西瓦的开拓性治疗,非常技术性的文章。

《W. 弗伦奇·安德森》(Anderson, W. French),《当代传记年鉴(1994)》,第 16—20 页。纽约: H. W. 威尔逊出版社,1994 年。一篇很好的安德森的传记,包含多次采访的内容。

《不应该用 1/5000 的死亡率毁灭基因疗法》(One Death in 5,000 Shouldn't Doom Gene Therapy),《商业周刊》(Business Week),1999 年 12 月 13 日,第 148 页。在盖辛格死后,为基因疗法辩护的社论。

乔西·P. 罗伯茨(Roberts, Josh P.),《基因疗法沉浮》(Gene Therapy's Fall and Rise (Again)),《科学家》(The Scientist),2004 年 9 月 27 日,第 22—24 页。回顾 1999 年和 2002 年基因疗法悲剧的影响以及这个领域逐渐复苏的现况。有些内容有较强的技术性。

5 家族中的死亡

——南希· 韦克斯勒与遗传病基因

南希·撒宾·韦克斯勒(Nancy Sabin Wexler),1945 年 7 月 19 日生于华盛顿,1968 年 8 月,她只有 23 岁时,父亲米尔顿·韦克斯勒(Milton Wexler)要求她和姐姐爱丽斯回家,他要跟她们好好谈一谈。韦克斯勒爸爸带给女儿们一个可怕的消息:他们的妈妈利奥诺刚刚被诊断出患有一种叫做亨廷顿症的无法治愈的大脑疾病。他向姐妹俩解释,这种疾病是会遗传的。韦克斯勒妈妈的 3 个兄弟和父亲都死于这种疾病,他们患病和死亡一事对姐妹俩来说一直是一个谜。在 10—15 年病情慢慢恶化后,韦克斯勒的妈妈也会死于这种疾病。最糟糕的是,由于遗传法则,南希和爱丽斯均有 50%的机会罹患同样的疾病。

大多数人听到这样的诊断都会崩溃。南希·韦克斯勒在最初的震惊和悲伤缓和后,发誓与威胁自己和自己家族的疾病作斗争。“她从阴霾中走来……想成为身穿闪亮盔甲的骑士,冲锋陷阵与恶魔斗争”,韦克斯勒的父亲是一位心理分析学者,在一次采访中如此告诉劳伦·匹克(Lauren Picker),那次采访发表在 1994 年 3 月《美国人的健康》(American Health)上。

一份致命的遗产

韦克斯勒的父母 1964 年离婚,但是韦克斯勒的母亲利奥诺仍把韦克斯勒的父亲当做朋友,常常向他倾诉各种问题。她曾经告诉韦克斯勒爸爸交警莫名其妙地指责她喝醉了,因为见到她过马路时步履蹒跚。当一个医生最后终于找出事实的真相时,她也告诉了他(译者注:亨廷顿症患者会无意识地四肢摇晃颤动)。

韦克斯勒的父亲接着告诉女儿们,亨廷顿症是根据乔治·亨廷顿(George Huntington)的名字命名的,亨廷顿医生 1872 年首次记录这种疾病。全美国有 4 万人受此影响。这种病的症状包括,个人行动从摇摇晃晃发展成一种风格怪异全身扭曲的"舞蹈",丧失记忆、情绪暴躁或者有暴力倾向,沮丧,最后发展成精神错乱。所有的这些症状都是因为一个有缺陷的基因破坏了脑部一个小小的,但是很重要的区域造成的。

自己家族中的悲剧激励韦克斯勒领导找出亨廷顿症致病基因的研究工作(亨廷顿症是一种破坏大脑的遗传病)。

这种残忍无情的疾病没有任何治疗方法。它最悲剧性的特征之一是直到三四十岁时才会发病,那时很多患者都已经生育小孩。人体内大多数细胞的基因都有两份拷贝,但是生殖细胞与生育有关的细胞只有一份拷贝。在携带亨廷顿症基因的人体内,每个生殖细胞携带一个正常形式的亨廷顿基因或一个有缺陷的、会导致亨廷顿症的基因的可能性是一样的。虽然 4000 多种遗传病都是隐性基因引起的,但是亨廷顿症是由显性基因造成的,这意味着任何一个遗传得到这个基因的人最后都会发病,即使他从父母的另一方得到一个正常基因也无济于事。

韦克斯勒的父亲也是一位斗士。在接下来的几年里,除了确保韦克斯勒的母亲受到照料,他尽其所能学习亨廷顿症的一切。他还联络了马乔里·格斯里(Margorie Guthrie),她是这种疾病最知名的受害者民谣歌手伍迪·格斯里(Woody Guthrie)的遗孀,格斯里自编自唱《这片国土是你的国土》(This Land Is Your Land)(译者注:这是一首在美国家喻户晓的爱国歌曲)。格斯里 1967 年死于亨廷顿症。不久后,马乔里·格斯里创立了抗击亨廷顿舞蹈症委员会。马乔里·格斯里的组织致力于以更好的方式照料亨廷顿症患者。米尔顿·韦克斯勒则更希望找出治愈亨廷顿症的办法，所以他创立了自己的组织——遗传病基金会。南希·韦克斯勒自这个组织1968年创建时起就担任重要职务。她1983年成为基金会主席，直到2006年卸任。

当韦克斯勒父亲正着手筹办这个基金会的时候，韦克斯勒开始在安阿伯市(Ann Arbor)密歇根大学攻读心理学博士学位。(1967年在拉德克利夫学院(Radcliffe College)获得社会关系和英语专业文学学士学位。)参考她自己的经历和她对其他亨廷顿症患者家庭的采访，她的学位论文内容论述了这样一个家庭的一员对精神上和情感上的影响。韦克斯勒1974年获得密歇根大学心理学博士学位。

大海捞针

遗传病基金会大约每年5次邀请对亨廷顿症研究感兴趣的科学家参加研讨会和聚餐，欢迎科学家在会议上发表有关研究的想法和成果。

1979年10月，麻省理工学院的戴维·霍斯曼(David Housman)就带来了一个想法。他和研讨会上的其他研究人员都知道在当时的情况下对抗亨廷顿症最好的办法就是确定这种病是由哪个基因引起的。找出这个基因后，就可以检查这种疾病，让人们知道自己是不是携带这种危险的基因。例如，这种信息可以帮助人们决定是否要孩子。找出亨廷顿症基因还可以更好地了解这种疾病，还有可能找到治疗或治愈的方法。在巨大的人类基因组中寻找一个基因比大海捞针还要困难得多。科学家们不知道亨廷顿症基因在哪个染色体上，这个基因制造哪种蛋白质。不过，霍斯曼在会上告诉大家，他听说有一种新技术可能可以确定基因位置。

这种技术利用限制性内切酶，就是基因工程的无价之宝分子“剪刀”。分子生物学家发现，因为人与人之间的基因组成有微小的差别，某种特定的限制性内切酶从每个人的DNA上剪下的片段的长短并不是完全一样的。例如，从A的染色体上剪下来的片段可能是1.2万个碱基对，而从B那里剪下来的同样的片段可能是1.35万个碱基对。研究人员已经确定了一些这类遗传差异的位置。他们把这种现象称为限制性内切酶片段长度多态性，简称RFLP。

霍斯曼解释说RFLP可以当做标记，对于其他未知的基因来说，就像路上的路标。如果某种一定形式RFLP总是或者几乎总是与某个基因一

相关链接： 一种历史上著名的遗传病

大多数遗传病只会给单个家庭带来灾难，就像韦克斯勒家。但是，有一种疾病几乎改变了历史。这种病就是血友病，即使只是很小很小的伤口或损伤，血友病患者都会流血不止。

俄国沙皇尼古拉的儿子亚历克西斯皇太子（Crown Prince Alexis），1905年出生时就患有血友病。那个年代没人知道基因是什么，但是数百年来，医生就观察到这种造成血流不止的疾病在家族中流传。维多利亚女王的家族就是这样一个家族，19世纪大部分时间中，维多利亚女王家族统治英国。这种病在她的后代中十分常见，所以有人称这种病为“皇室疾病”。尼古拉的妻子亚历山德拉就是维多利亚女王的后代。不过这位俄国皇后自己并没有这种病——女性中几乎从不出现这种病，但是她把血友病基因传给了她的儿子。

亚历山德拉竭尽全力寻找治愈儿子的方法，这种病有好几次几乎要了他的命。似乎没有医生能帮助他。在亚历克西斯两岁大的时候，一个粗野的自称拉斯普廷的人出现在俄国宫廷。他说自己的圣人可以挽救王子性命。亚历山德拉和尼古拉可能十分信任他，送给他价值连城的礼物和在朝廷中不断扩张的权力。

拉斯普廷实际上并不能为亚历克西斯做些什么别人做不了的事，而且他自己常常滥用职权。俄国民众，无论贵族还是平民，对这个自称修道士的人的所作所为以及国王夫妇对他的袒护十分愤怒。历史学家称对拉斯普廷的不满是引起俄国革命的其中一个原因。那次革命1917年席卷这个国家，不仅夺去了皇室家族的皇冠，还夺走了他们的生命。

起遗传，那么几乎可以肯定这个基因在很靠近RFLP的位置上。分析一个人的DNA，如果结果显示他或她遗传得到了与基因关联的那种形式的RFLP，那么这个人也很可能遗传了那个基因（这种结论永远都不可能完全肯定，因为当细胞分裂时，染色体偶尔会断裂，断裂点可能落在RFLP和基因之间，造成两者分离）。

问题是，没人知道用研究RFLP的方法寻找亨廷顿症基因应该从哪里开始。当霍斯曼描述这个过程的时候，只有一个人类RFLP标记已知。持怀疑态度的人认为可能需要50年或者更长的时间才能找出与亨廷顿症基因相关的 RFLP——如果这个标记能找到的话。

不过，RFLP 想法比之前的任何想法都好。遗传病基金会同意支持霍斯曼的工作。韦克斯勒安排国会控制亨廷顿症委员会提供进一步资助，因为韦克斯勒 1976 年开始担任这个机构的执行主任。

访问委内瑞拉

霍斯曼和同事们开展研究工作急需的是一个有亨廷顿症成员的大家庭。这个家族必须有许多成员，既有健康的，也有患病的，他们都要接受检查，以确定有一种特定的 RFLP 总是与致病基因一同遗传。幸运的是，全世界的遗传学家一直把特殊遗传病发生的家族记录在案。霍斯曼的团队了解到美国最大的亨廷顿症家族在衣阿华州(Iowa)生活。他们还了解到有一个比衣阿华家族大得多的亨廷顿症家族在委内瑞拉的马拉开波湖(Lake Maracaibo)岸边生活。

巧合的是，韦克斯勒 1972 年就知道委内瑞拉的那个家族。实际上，为了寻找这种遗传问题的另一条研究线索，她在 1979 年初已经访问过那个家族。

那是一次不同寻常的经历。韦克斯勒与一队美国和委内瑞拉科学家一同前往，大多数家族成员居住在 3 个村子里：圣路易斯(San Luis)、巴伦其塔(Barranquitas)和拉古尼塔(Laguneta)。圣路易斯是一个穷困破落的小村庄，位于马拉开波市(Maracaibo)郊区。巴伦其塔在乡间，有几小时车程的距离。第三个地方拉古尼塔只能乘船到达。抵达拉古尼塔时，韦克斯勒一行人看到湖中沼泽般的水域上打着像高跷一样的木桩，小渔村里色彩鲜艳的房子就站在那些木桩上。

韦克斯勒在拉古尼塔见到的第一个人是一个骨瘦如柴的妇女，她蜷缩在一间长脚房子门口。考察队的一个成员上前搭话时，那个妇女张开手臂开始扭动，这种状况韦克斯勒再熟悉不过了。韦克斯勒 1994 年告诉《纽约时代杂志》(New York Times Magazine)的记者玛丽·默里(Mary Murray)："那太惊人了。我不知道自己身处何方，周围都是棕榈树，房子高高地建在水面上。然而，这里有个人看上去跟妈妈的症状一模一样。身处异国他乡却见到这么熟悉的场景——那太惊人了。"

亨廷顿症在委内瑞拉的那个家族中太普遍了，以至家庭成

员把患病作为他们艰苦生活的一部分坦然接受。他们把这种病叫做 el mal——“那种病”或“糟糕的事”。与美国患者家庭不同的是，那里甚至有些小孩也得了这种病。

找出致病基因

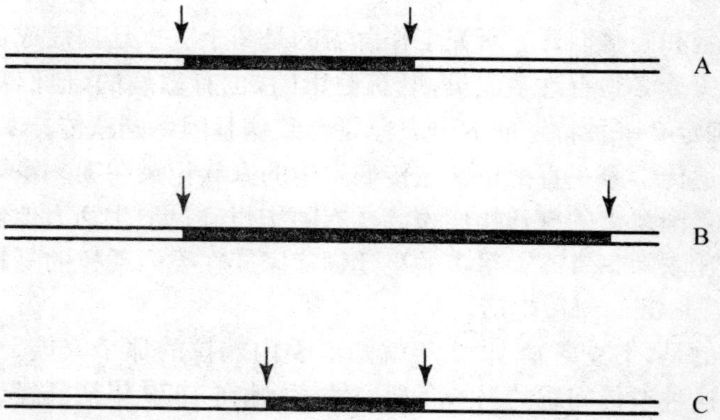

包含一种限制性内切酶片段长度多态性(RFLP)的一个DNA区域

研究人员采用 RFLP(限制性内切酶片段长度多态性)帮助他们确定致病基因的位置。每个标记位于染色体上不同位置，处于同一个位置的标记有若干不相同的存在形式，但是不同之处是可以检测的，正如图中所示。某个家族常见亨廷顿症，科学家们检查许多家庭成员的染色体。一个染色体上的基因在产生卵细胞和精细胞时会重新排列，但是在这个过程中，原来靠得比较近的基因还是会比较靠近，与原来相距很远的基因相比，不太可能会被分得很开。如果研究人员能够找出患这种病的人，总是通过遗传得到同样一种 RFLP，他们就能推断致病基因在这个 RFLP 附近。接下去，就能用测序和其他技术找出致病基因的准确位置。

血液、皮肤和 DNA

RFLP 项目 1981 年准备就绪时，韦克斯勒再次来到拉古尼塔，为 DNA 测试采集当地家族成员的血液和皮肤样本(后来只使用了血液样本)。最初，那些人不明白韦克斯勒的小组为什么需要那些样品，特别是为什么需要从一些看起来还挺正常的人身上采集样品。有些人还担心采样过程会使他们虚弱或伤害他们。

为了缓解这些忧虑，科学家召集村民们开会，在会上讲解他们的工作。他们发现，即使指出韦克斯勒本人就像当地人一样有发病的可能性，也得不到他们的信任。不过，后来，小组中的一个名叫菲德拉·高明斯(Fidela Gomez)的阿根廷护士灵机一动，她举起韦克斯勒的手臂，让她绕场一周，让人们看到韦克斯勒提供皮肤样品后留在手臂上的小伤疤。"看，看，看到了吗？她的那个小点！"高明斯高声说。韦克斯勒告诉匹克，在那之后，村民们就变得十分合作了。

当韦克斯勒团队中有人要启程返回美国时，他们就组织"采集日"采集血样。这样，研究人员可以及时带回样本。样品必须在采集后48小时内送达实验室。他们选择马萨诸塞州综合医院，在那里，霍斯曼以前的一个研究生詹姆斯·居赛拉(James Gusella)存储并检验这些样品。居赛拉从那时起负责亨廷顿症RFLP项目。

在20世纪80年代早期，已经找出了数十个人类RFLP。居赛拉开始检验已有的衣阿华州家族的样品，看看有没有某些RFLP。让那些怀疑新技术预言前景渺茫的人没有想到的是，居赛拉在尝试第12个RFLP时发现了一些线索，一个被称为G8的标记，很可能跟亨廷顿症基因一同遗传。可惜美国家族没有足够的家庭成员让他彻底检验这个想法。

居赛拉转而研究委内瑞拉的样本。这次，他发现那个家族里，几乎所有的亨廷顿症患者都遗传了一个G8标记，而健康的家庭成员遗传了另一种形式。亨廷顿症基因在这个标记附近的概率好于1000∶1。居赛拉本人和韦克斯勒都认为他的运气实在是太好了，这么快就找到了要找的RFLP。居赛拉和同事，包括韦克斯勒和赴委内瑞拉考察小组的其他成员，1983年11月在《自然》杂志上报道了他们的工作成果。除了提供亨廷顿症基因定位线索外，他们的工作证明追踪RFLP是寻找基因的有效手段。研究人员第一次有望找出并确定引起人类疾病的某个特定基因——这是了解基因如何起作用的第一步，而且，可能也是了解如何修复或替换基因的第一步。

居赛拉的发现最直接的结果就是出现一种检查，有96%的准确率显示一个人会不会得亨廷顿症。这种检查1986年开始使用。这使韦克斯勒本人面临一个困难的个人抉择。她真的想知道自己是否会得那种可怕的病，那种病当时已经害死了她的妈妈。如果她发现自己有那个基因，她会怎么想，她会怎样做？她已经决定生小孩，所以不需要为了这个原因去检查。韦克斯勒为了保护个人隐私，一直拒绝说出她到底有没有去做亨廷顿症检查，当然也没透露检查的结果。如果她决定不去做检查，那么她一点都不孤单。因为在亨廷顿症检查出现10年后，有可能患病的美国人中只有13%选择检查。

基因猎人找到猎物

居赛拉等遗传学家一找到RFLP标记，就开始执行下一个任务：研究亨廷顿症基因本身。只有在确定基因的位置后才能进行测序，确定它

亨廷顿症检查

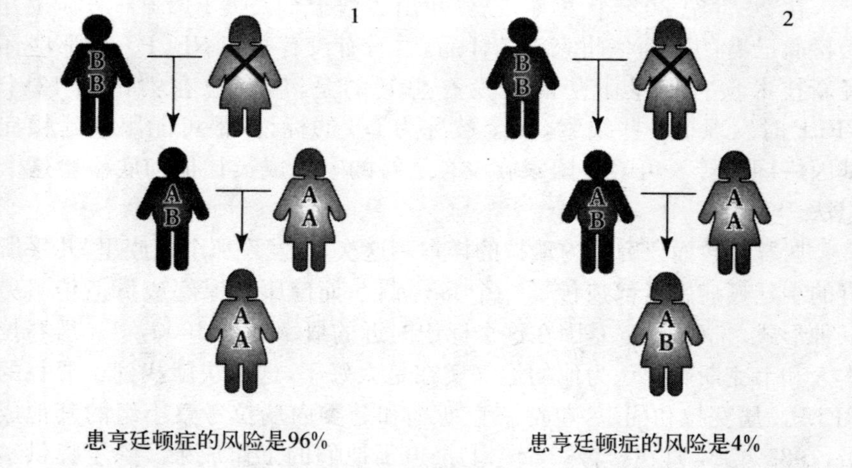

首次亨廷顿症检查用RFLP标记确定致病基因，那时还不知道致病基因是什么。不同的人可能会遗传得到若干种不同的标记（这里用A、B、C表示）。在这个例子中，一个从双亲处遗传得到了A型标记的妇女（最下面一行）想知道自己会不会得亨廷顿症。她的父亲（中间一行的男性图标）患有亨廷顿症；她的母亲（中间一行的女性图标）是健康的。她的父亲的父亲（最上面一行的男性图标）只具有B型标记，没有亨廷顿症。父亲的母亲（最上面一行的女性图标）已经去世，所以她具有的标记类型无法知晓（X）。在父亲的家族里，A型标记一定与亨廷顿基因有关。这个妇女从父亲处遗传得到一个A型标记，所以她有96%的机会发病。如果她从父亲处遗传得到一个B型基因，那么她只有4%的发病机会（她母亲的A标记与亨廷顿基因无关，因为在她母亲的家族里没人具有致病形式的亨廷顿基因）。

对应的蛋白质，了解这小段DNA如何造成致命的后果。为了加快速度，1984年，遗传病基金会说服美国和英国6个研究所的研究小组共同完成这项工作。他们不仅仅同意分享研究结果，还达成一致，只以他们集体的名义——亨廷顿症联合研究团队发表署名的科学论文。

社会效应： 基因歧视

韦克斯勒认为，应该允许人们检查像亨廷顿致病基因之类的基因，如果他们愿意检查的话。这类检查可以帮助人们规划未来，决定是否要孩子。但是，她也提出警告，检查也会是危险的。如果检查的是一种无法治愈的病，就像亨廷顿症，了解到自己携带致病基因后，有的人可能会很沮丧，甚至会考虑自杀。韦克斯勒说，基因检查前后人们都必须接受深入广泛的咨询。

检查致病基因或与疾病有关的基因越来越普遍，韦克斯勒担心会出现另一个问题。携带高风险基因的人，比如说心脏病或癌症，可能会发现自己很难找到一个人生伴侣、一个家或一份工作。很多健康保险条款不包括治疗“已存在病症”的费用——在保险条款生效前已经存在医疗问题。保险公司可能将倾向于导致疾病的基因视为已存在病症，即使这个人当时没有病，可能以后也不会得那种病。因为大多数大企业为员工提供健康保险，公司可能不愿招聘有健康问题，或者有可能出现健康问题的员工。

几十年后，人类基因组计划提供的信息可能会造成在一个人出生时就能读出他的全部遗传信息。这样的基因全图在某些方面可能会有所帮助，不过韦克斯勒认为，这也有可能导致基于基因的歧视大大增加。“我们的基因里不是有点这些东西就是有点那些东西，都会给我们带来麻烦。”韦克斯勒1994年对匹克说，“我们都会无法买保险的。”从1989年到1995年，因为韦克斯勒对基因歧视的关注和人类基因组计划产生的相关问题，她当选为一个委员会的负责人，这个委员会监督人类基因组项目的伦理、法律和社会问题。

这样的合作是前所未有的，特别是在遗传学变成一个竞争激烈的领域后。合作不可能总是那么顺利，磕磕碰碰在所难免。参与其中的研究人员都同意韦克斯勒是连接他们的纽带。她从一个实验室到另一个实验室，给科学家们鼓舞士气，平息纠纷。虽然所有的科研小组都竭尽全力，但是亨廷顿症基因在20世纪80年代仍然逍遥法外。直到1984年，团队发现RFLP标志，也就是说致病基因的位置，位于4号染色体短臂端。亨廷顿症基因是第一个仅仅只通过RFLP标志确定在哪个染色体上的。可惜在那之后，大家的运气似乎不见了。

基因猎人最后终于在1993年初找到了猎物。玛希·麦克唐纳(Marcy MacDonald)，与居赛拉一同工作的资深研究人员，对亨廷顿基因测序——揭示这个基因究竟出了什么问题。在靠近基因起点的位置，她发现一种分子重复，C—A—G(胞嘧啶—腺嘌呤—鸟嘌呤)碱基序列重复。这组碱基在基因密码中代表谷氨酸，这种氨基酸有时会损坏神经细

其他科学家：　　玛丽-克莱尔·金

亨廷顿症跟大多数遗传病一样，是由单一基因引起的，都是很罕见的。不过，基因跟许多常见病都有关系，例如癌症和心脏病。遗传得到某个基因的特殊形式，会增加某人得这些病的机会。

1974年，在亨廷顿症基因搜索开始前，加州大学伯克利分校的一位遗传学家玛丽-克莱尔·金(Mary-Claire King)就开始着手证实基因会增加妇女罹患乳腺癌的机会。在那时，人们只知道少数几种癌症会遗传，而且很多癌症研究人员怀疑遗传在这些病中仅仅起一些很普通的作用。但是，生于1946年2月27日的金，注意到某些家族中，罹患乳癌的家庭成员多得反常，而且这些家族的妇女与其他妇女相比，发病年龄也早得多。她认为，这是遗传造成的。

金最终证明有5%的乳癌是遗传造成的。金的研究团队采用与韦克斯勒小组同样的标记技术，在1990年发现17号染色体下半部分的中部，很可能存在一个乳癌基因。犹他大学医学中心的马克·斯考尼克(Mark Skolnick)1994年确认那个基因，命名为BRCA1，1994年是亨廷顿症基因发现后的那一年。

金现在在西雅图的华盛顿大学，也探索其他类型的遗传特征，包括遗传性耳聋。除此之外，她还用基因追踪技术鉴别因战乱分散的祖父母和孩子，勘查人类迁徙。

胞，这个序列多余的拷贝意味着这个基因制造的蛋白质会包含多余的谷氨酸。正常人的这个基因包含 11—34 个 C—A—G 重复。但是，在亨廷顿症患者体内，重复次数是 40，或者更多——有的多达 125 次（有 35—39 次重复的人有的会发病，有的不会）。研究人员最后发现，重复次数越多的人越早发病，而且病情越严重。有的委内瑞拉家族成员在 2 岁时就发病了，另一种极端案例是，有的人直到 84 岁才发病。

科学家还确定了亨廷顿基因决定的蛋白质，命名为亨廷顿蛋白。这种蛋白质的确切功能还不知道，似乎会影响细胞产生能量的过程。致病基因的突变看来会使这种蛋白质的长链在神经细胞里形成块状团聚，破坏细胞。

无法估量的爱

在亨廷顿症研究紧锣密鼓进行的同时，韦克斯勒从另一个方面追踪这种疾病，她坚持每年访问委内瑞拉的那个家族，她几乎把他们视为自己的亲人。除了采集更多的血样，她和她的团队还告诉村民们更多的有关他们的族谱的事。现在，哥伦比亚大学医学中心韦克斯勒办公室的外墙上就挂着部分他们的族谱，韦克斯勒 1984 年成为哥伦比亚大学教授（在那之前，她是美国国家卫生研究所下属的国家神经系统疾病和中风研究所的健康科学管理员）。韦克斯勒现在是哥伦比亚大学医学院神经病学希金斯教授（Higgins professor），也是哥伦比亚生物伦理学中心教员。

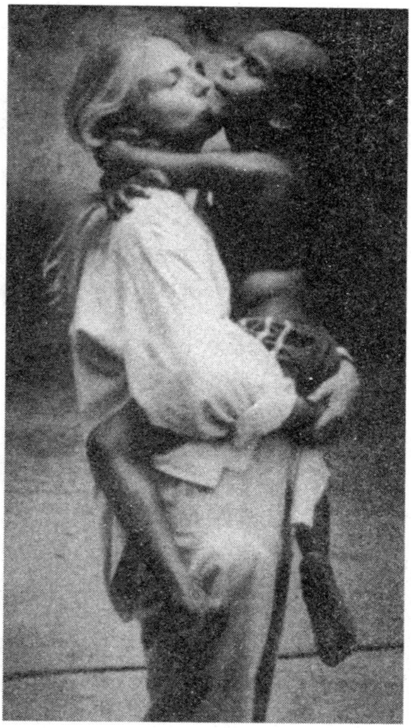

韦克斯勒带给她研究的委内瑞拉大家族成员“无法估量的爱”，例如这个身患亨廷顿症的孩子。（遗传病基金会。彼得·基特拍摄）

委内瑞拉家族的族谱现在包括 10 代，共计超过 1.8 万人。据哥伦比亚 2004 年 3 月的新闻报道，委内瑞拉人组成了世界上最大的携带亨廷顿症基因的遗传相关群落。韦克斯勒和同事发现，他们大多数是同一个妇女的后代，这个妇女名叫玛利亚·康色普申·赛多(Maria Concepcion Soto)，她 19 世纪早期生活在那个地区。沃尔特·博德曼(Walter Bodmer)和罗宾·麦基(Robin McKie)在他们的《有关人类的一本书》(A book of Man)中引用韦克斯勒谈论人类遗传学最新进展时说的话，"从那个妇女开始，一座巨大的受难金字塔已经延伸了许多年。"

除了研究委内瑞拉家族的族谱外，韦克斯勒和她的团队竭尽全力照顾那个家族。最早发现这个家族的是委内瑞拉医生阿米里柯·尼格里特(Americo Negrette)，罗伯特·库克迪根(Robert Cook-Deegan)在一本有关人类基因组计划的书《基因战争》(Gene Wars)中引用尼格里特写给一本委内瑞拉杂志的文章中谈论韦克斯勒的话：

> *带给他们(那个村子)药品和……社会福利项目……她(还)带给他们无法估量的爱……我见到她拥抱妇女，拥抱男子，亲吻小孩。没有表演做秀，没有虚情假意，没有扭捏造作。她的眼里流露出温柔的目光。*

为表彰韦克斯勒的这种爱和对她遗传病成因突破性研究的支持，韦克斯勒获得了 1993 年的阿尔伯特·拉斯克公共服务奖和 1994 年的 J. 艾琳·泰勒国际医学奖。

韦克斯勒对委内瑞拉家族的研究还在继续。例如，2004 年 3 月，她在研究中发现亨廷顿基因中 C—A—G 片段重复的次数并不是影响发病年龄的唯一因素。她认为来自某些其他基因的影响和环境因素都会推迟疾病的发生。她认为，如果研究人员能够了解更多这类导致推迟的因素，医生就可以帮助遗传了亨廷顿症致病基因的人推迟发病，甚至是完全不发病。韦克斯勒希望，如果这一天到来，委内瑞拉家族会恢复健康。一则哥伦比亚新闻刊物引述她的话说："那个委内瑞拉家族给了我们许多礼物，将来，他们应该首先从治疗中获益。"

生平年表

1872 年	亨廷顿记录亨廷顿症
1945 年	7 月 19 日，韦克斯勒生于华盛顿

1967 年	民谣歌手格斯里死于亨廷顿症
1968 年	韦克斯勒了解到她的母亲患有亨廷顿症 韦克斯勒和父亲建立遗传病基金会以支持亨廷顿症及相关病症的研究
1972 年	韦克斯勒了解到委内瑞拉有一个亨廷顿症普遍发生的大家族
1974 年	韦克斯勒获得安阿伯市密歇根大学心理学博士学位
1976 年	韦克斯勒出任国会控制亨廷顿症委员会及其分支机构的负责人
1979 年	韦克斯勒第一次访问委内瑞拉亨廷顿症家族 10 月，霍斯曼提出用限制性内切酶片段长度多态性(RFLP)寻找亨廷顿基因
1981 年	RFLP 工作开始 韦克斯勒小组在委内瑞拉家族采集第一批基因样本
1983 年	居赛拉发现亨廷顿基因的 RFLP 标记
1984 年	亨廷顿症联合研究小组成立 亨廷顿症研究团队发现亨廷顿基因在 4 号染色体短臂末端附近 韦克斯勒成为哥伦比亚大学教授
1986 年	首次采用亨廷顿症标记检查
1989 年	韦克斯勒出任委员会负责人，研究人类基因组计划牵涉的伦理、法律和社会影响
1993 年	研究人员确定亨廷顿基因的位置，并鉴别出它的缺陷 韦克斯勒荣获阿尔伯特·拉斯克公共服务奖
2004 年	韦克斯勒发现某些基因和环境因素会推迟亨廷顿症发病

扩展阅读

图书：

沃尔特·博德曼(Bodmer, Walter)和罗宾·麦基(Robin McKie)，《有关人类的一本书》(A book of Man)。纽约：斯克莱布诺出版社(Scribner)，1994 年。记录人类遗传学的最新发展，包括发现亨廷顿症致病基因。

罗伯特·库克迪根(Cook-Deegan, Robert)。《基因战争：科学、政治和人类基因组》(Gene Wars: Science, Politics, and the Human Genome)。纽约：W. W. 诺顿(W. W. Norton)。1994 年。记录人类基因组项目早期的政治和科学冲突，这项研究带来的伦理问题，包括基因歧视的风险。

阿黛尔·格林姆(Glimm, Adele)。《基因猎人：神经心理学家南希·韦克斯勒的故事》(Gene Hunter: The Story of Neuropsychologist Nancy Wexler)。康涅狄格州(Connecticut)丹伯里市(Danbury)：富兰克林·沃茨(Franklin Watts)出版社，2005 年。写给年轻人看的韦克斯勒传记。

爱丽斯·韦克斯勒(Wexler, Alice)，《绘制命运的地图》(Mapping Fate)。纽约：蓝登书屋(Random House)/时代书屋(Times Books)，1995 年。韦克斯勒的姐姐写的回忆录，记录因为亨廷顿症失去母亲的经历以及由她的妹妹和父亲发起的寻找致病基因的医学研究。

南希·韦克斯勒(Wexler, Nancy)，《洞察与告诫：人类基因组计划的反响》(Clairvoyance and Caution: Repercussions from the Human Genome Project)，发表在《遗传密码的法规》(The Code of Codes)上，由丹尼尔·J. 凯文勒斯(Daniel J. Kevles)和莱罗伊·胡德(Leroy Hood)编辑。马萨诸塞州剑桥：哈佛大学出版社，1992 年。韦克斯勒写的长篇散文，记录寻找亨廷顿基因的过程，思考由基因检查带来的伦理和社会问题。

文章：

J. F. 居赛拉(Gusella, J. F.)等，《在遗传上连接亨廷顿症的一个多态性 DNA》(A Polymorphic DNA Marker Genetically Linked to Huntington's Disease)，《自然》(Nature)，1983 年 11 月 17 日，第 234—238 页。科学论文，报道一个常与亨廷顿症致病基因同一遗传的 RFLP 标记的位置。

亨廷顿症联合研究团队，《一个位于亨廷顿症染色体上扩展且不稳定的包括三核苷酸重复的异常基因》(A Novel Gene Containing a Trinucleotide Repeat That Is Expanded and Unstable on Huntington's Disease Chromosomes)。《细胞》，72，1993 年 3 月 26 日，第 971—983 页。科学论文，描写亨廷顿症致病基因的定位过程，确定基因的缺陷。

玛丽·默里(Murray, Mary)，《南希·韦克斯勒》(Nancy Wexler)。《纽约时代杂志》(New York Times Magazine)，1994 年 2 月 13 日，第 28 页。有关韦克斯勒和她的工作的文章，内容广泛，写于亨廷顿基因发现不久后。

劳伦·匹克(Picker, Lauren)，《家族中的所有人》(All in the Family)，《美国人的健康》(American Health)，13，1994 年 3 月，第 20—23 页。概述韦克斯勒的研究

工作。

《马拉开波湖上充满痛苦和希望的故事》(A Tale of Pain and Hope on Lake Maracaibo),《商业周刊》(Business Week),2000 年 6 月 5 日,20E/O 页。记录韦克斯勒对委内瑞拉亨廷顿症大家族的研究。

《委内瑞拉家族揭示影响亨廷顿症发病的遗传和环境因素》(Venezuelan Kindreds Reveal Genetic and Environmental Factors Influence Onset of Huntington's Disease),哥伦比亚大学医学中心出版社(Columbia University Medical Center press)发行。2004 年 3 月 2 日。在线阅读。网站:http://www.hdfoundation.org/news/20040302-CUMC.htm。2004 年 11 月 12 日访问。报告韦克斯勒的研究发现,某些因素可以延迟亨廷顿症的发病。

《南希·S. 韦克斯勒》(Wexler, Nancy S.),《当代人物传记年鉴(1994)》(Current Biography Yearbook1994),第 607—611 页。纽约:H. W. Wilson,1994 年。韦克斯勒的小传,写在亨廷顿基因发现不久后,综述其他有关她的材料。

网站:

遗传病基金会(Hereditary Disease Foundation),这个组织由南希·韦克斯勒和她的父亲米尔顿·韦克斯勒于 1968 年创立,支持亨廷顿症及相关疾病的研究。他们的网站有关于亨廷顿症最新发现的简明新闻和可能的治疗措施。www.hdfoundation.org。2005 年 1 月 6 日访问。

6

永生的线虫

——辛西娅·凯尼恩与衰老的遗传学

大约在500年前，现在的波多黎各(Puerto Rico)地区的印度人告诉西班牙探险家胡安·庞斯·德·里昂(Juan Ponce de Leon)一个关于一眼神奇的泉水的传说。他们说，任何喝了这口泉水的人，都能永葆青春。德·里昂对此产生了浓厚的兴趣，1513年扬帆远航去寻找这口泉眼。在故事的结尾，他发现了佛罗里达，但是并未找到不老泉。

旧金山生物化学家辛西娅·凯尼恩(Cynthia Kenyon)觉得，她可能完成了里昂未尽的事业。她说，通向不老泉的小路并不在热带沼泽地里，而在一种小到几乎看不见的线虫的基因中。

新的职业道路

凯尼恩对线虫的研究可能会提供一种新方法减缓人类衰老。

凯尼恩1954年2月18日生于芝加哥，她既没打算当一个探险家也没打算当一个生物学家，因为热爱法国号，她最初的梦想是当一名音乐家，后来，在雅典市(Athens)的佐治亚大学读书时，又想当一名作家。凯尼恩的父亲是一名大学地理教授，母亲是一所大学物理系的行政人员，但是凯尼恩本人的大学经历一开始并不愉快。她不能确定自己这一辈子要干什么，所以在取得学位前退学了。

正当凯尼恩思考自己的未来时，她的妈妈一天偶然带回家一本书《基因的分子生物学》(Molecular Biology of the Gene)，是DNA结构的发现者之一沃森写的。“我想，这太酷了，你知道，基因能开开关关。”凯尼恩在2004年戴维·尤因·邓肯(David Ewing Duncan)的一次访问中回忆道。沃森的书使她兴奋不已，这种感觉令她对职业的思考转向一个新方向。她重新回到佐治亚大学，这次，是学习生物化学。凯尼恩1976年大学毕业，作为班上成绩最好的学生在毕业典礼上做告别演说。

颇有价值的线虫

凯尼恩在麻省理工学院(MIT)读研究生，研究破坏DNA的化学物质对细菌的影响。有一次，她去参观隔壁的实验室，科学家鲍勃·霍维茨(Bob Horvitz)向她介绍了自己研究的动物：一种学名叫做秀丽隐杆线虫的十分微小的虫子，单条秀丽隐杆线虫只有1毫米(0.04英寸)长，大约就是这句话结尾的句号那么大，不过这种小虫子的名气可比它的体形大得多。

秀丽线虫是线虫，或者叫做圆虫的一种。记者安德鲁·布朗(Andrew Brown)在一本关于秀丽线虫研究的书《从线虫开始》(In the Beginning Was the Worm)中写道，线虫类“比地球上最多的动物还要多”。它们也是这个星球上最古老的多细胞生物之一。有的线虫是寄生虫，但是秀丽线虫对人类无害，居住在土壤或肥料堆中，主要吃细菌。这种线虫圆柱形的身体十分光滑，身体两端逐渐变细。

20世纪60年代早期，在凯尼恩还是一个孩子的时候，一位出生于南非的生物学家西德尼·布雷纳(Sydney Brenner)最早开始研究这种线虫，最后这种默默无闻的线虫成为实验生物学中最著名的实验用动物之一。布雷纳和他的后继者发现秀丽线虫对科学家来说有许多好处。首先，这种线虫在装满它们最喜爱的细菌胶状物的培养皿中很容易饲养。这种线虫的繁殖速度简直跟它们吃细菌的速度一样快，每条线虫每3天可以繁殖出的下一代大约有300条左右。在大多数情况下，一条秀丽线虫既能制造雌性生殖细胞也能制造雄性生殖细胞，然后自体受精，这意味着一条线虫体内的基因突变会在它的所有后代中重复出现。每条线虫大概只有1000多个细胞，但是这个小小的数目包括所有在人类或其他哺乳动物体内发现的各种细胞类型。因为它们几乎是透明的，很适合在显微镜下研究。布朗称线虫是“大自然的试管”。据布朗说，布雷纳认为“只要有一些牙签（用于挑起一些线虫），一些培养皿和一台显微镜，你就可以打开各类生物学的大门”。

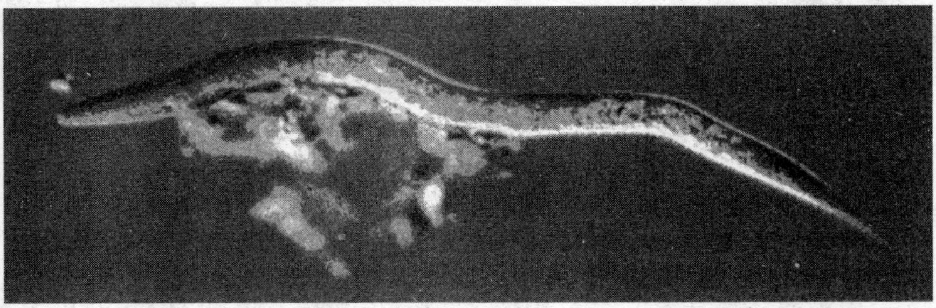

这种微小的秀丽隐杆线虫，在土壤中以细菌为食。科学家深入地研究这种动物的基因，揭示发育和衰老的重要信息。

把注意力集中在衰老上

凯尼恩发现霍维茨的线虫棒极了，因为可以追踪每个细胞的发育，她决定从研究细菌转向研究线虫。在1981年完成博士学位工作后，她去了剑桥大学，在布雷纳的指导下工作。凯尼恩花了5年的时间研究线虫在出生前是如何发育的，之后，她回到美国，在加州大学洛杉矶分校（UCSF）任助理教授。1992年，她晋升为生物化学和生物物理学全职教授。

那个培养皿里养着因为基因突变而繁殖不佳的线虫，所以里面的线虫没有像正常培养皿里面的那么拥挤。培养皿中剩下的大多数线虫都是“高龄老人”了，接近它们为期20天的生命周期尽头。“我之前从未观察过一条老线虫。我以前甚至从未想起过老线虫。”凯尼恩后来告诉《美国新闻和世界报道》（U. S. New & World Report）记者内尔·博伊斯（Nell Boyce），这位年轻的科学家很容易就辨认出这些年事已高的线虫：它们萎缩皱褶，也不像精力旺盛的年轻线虫那样动来动去。“它们真是可怜”，凯尼恩告诉博伊斯。她接着说，这些线虫让她想起自己也在变老。“就在那一刹那，我突然想到，‘天啊，啊，我可以研究研究。’”

其他科学家： 西德尼·布雷纳

西德尼·布雷纳(Sydney Brenner)1927年出生在南非约翰内斯堡(Johannesburg)附近，他的父母都是犹太人，从东欧移民到那里。20世纪50年代末和60年代早期，他在剑桥跟克里克一同工作，发现了细胞如何利用DNA分子中的遗传密码构建蛋白质。之后，布雷纳转而研究基因在动物出生前如何影响动物的发育，选用秀丽线虫作为实验动物。

在接下来的20年里，布雷纳和他的同事与其他受到布雷纳研究启发的实验室，一个细胞一个细胞地研究出这种线虫的发育过程。通过研究突变，他们确定出哪些基因引导细胞到线虫体内的特定部位；哪些基因指导细胞分化为不同种类的细胞，例如神经和肌肉；哪些基因指导细胞死亡。研究人员在线虫的染色体上定位这些基因，还测出其中部分基因的碱基序列，测序在那时是一项既乏味又耗时的工作。根据布朗对秀丽线虫的研究历史的记录，布雷纳和他的同事积累起来的这种小动物的知识，启发了对其他多细胞生物的类似细节的研究，并且最后导致了人类基因组计划。1998年，秀丽线虫成为世界上第一种有完整基因组序列的多细胞生物。

为表彰他在研究基因协调生物体发育方面所做的工作，布雷纳与约翰·萨尔斯顿(John Sulston)和霍维茨共享2002年诺贝尔生理学或医学奖，霍维茨就是将秀丽线虫介绍给凯尼恩的人。

相关发明： 青霉素的发现

凯尼恩并不是历史上第一个因为一个遗忘的培养皿而改变了研究方向的科学家。1928年，苏格兰微生物学家亚历山大·弗莱明(Alexander Fleming)正带一位朋友参观他的伦敦实验室，路过一堆因为度假刚回来还没来得及清洗的培养皿。格温·麦克法兰(Gwyn Macfarlane)在传记《亚历山大·弗莱明：人与神话》(Alexander Fleming: The Man and the Myth)中写道，弗莱明拾起其中一个培养皿，非常认真地看过后，对他的朋友说："这太有意思了。"那个培养皿里有葡萄球菌菌落，葡萄球菌是一种感染伤口的细菌。弗莱明注意到一个霉斑，或者是一些真菌，有点类似陈面包上的青霉，在这个培养皿中扎根了——在霉斑的周围是一片干净的区域，显然没有细菌在那生长。

弗莱明继续研究那个“扰乱”了他的正常培养皿的霉斑和霉斑杀灭细菌后露出的底层。那种真菌属于青霉菌的一种，所以他把“霉菌的汁液”称为青霉素(盘尼西林)。1929 年，弗莱明发表了一篇有关那些霉菌及其化学物质的文章，不过后来很长一段时间内他都没有继续这项工作。他认为盘尼西林在医学上毫无用处，因为他无法提纯这种物质，而不纯的青霉素会迅速失效。不过 10 年后，两个牛津大学的科学家，一个澳大利亚出生的病理学家霍华德·弗洛里(Howard Florey)和另一个逃离纳粹德国的生物化学家厄内斯特·钱恩(Ernst Chain)，看到了弗莱明的文章决定重新研究青霉素。钱恩采用改进后的技术，提纯了“霉菌汁液”中有灭菌作用的那一部分，弗洛里的研究小组证实提纯后的物质可以阻止危险的细菌在小白鼠体内和人体内生长。美国药厂在牛津小组的工作基础上，自 20 世纪 40 年代早期开始大批量生产青霉素。青霉素是第一种广泛应用的抗生素，在第二次世界大战中挽救了数以万计的生命，革新了传染病的治疗方式。

指挥基因管弦乐队

凯尼恩开始研究一种基因突变的秀丽线虫，这种线虫是由其他科学家发现的，比正常的线虫寿命长。她尝试改变线虫的基因，希望复制基因突变的效果。最终，在 1993 年，她和同事发现 daf-2 和 daf-16 基因突变的线虫的寿命是正常线虫寿命的 2 倍。“这就像你看到一个 90 岁的人，但是你觉得他只有 45 岁。”凯尼恩向史蒂文·科特勒(Steven Kotler)解释说，2004 年科特勒代表《发现》(Discover)杂志采访她。

当凯尼恩宣布只要两个基因变化就能推迟衰老时，即使这是在线虫里的情况，很多研究人员都感到吃惊。那时，许多科学家认为衰老是生命过程必需的细胞和组织受到破坏的结果：实际上，身体只是疲劳了。还有部分研究人员认为，进化为生物编制了衰老和死亡程序，以免生物体在停止繁殖失去生物用途后造成资源浪费。几乎没人相信衰老是由基因直接控制，或者有些别的什么措施可以延长寿命或者阻止与衰老有关的衰竭和疾病。不过，凯尼恩指出，比方说，尽管是蝙蝠，也能活上50年，但是同样也是哺乳动物，而且与蝙蝠差不多大小的小白鼠，通常只能活两年。她坚信基因可以解释这种区别，但是并非所有科学家都同意这种观点。例如芝加哥伊利诺斯大学的S.J.奥士安斯基(S. J. Olshansky)就告诉《史密森》(Smithsonian)的记者史蒂文·S.霍尔(Stephen S. Hall)："没有死亡和衰老的基因——句号。"

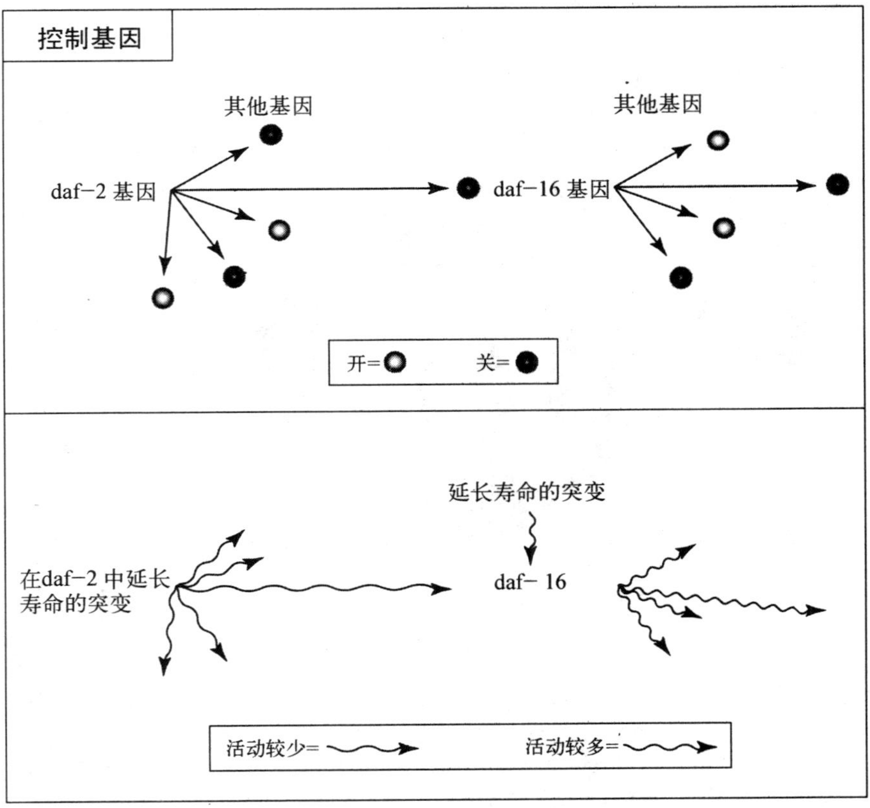

凯尼恩发现daf-2和daf-16两个基因都会影响线虫的生命长短，开启或关闭许多其他基因。它们彼此相反，当daf-2活动时，会阻止daf-16的大部分活动。延长线虫寿命的突变由两部分组成，一方面daf-2中延长寿命的变异使其较少活动，另一方面daf-16基因的变异使其较多活动。

衰老，不论在线虫中还是在人类中，都包括许多不同的变化，所以，看来 daf－2 和 daf－16 肯定是“主宰基因”，控制大量其他基因的活动。凯尼恩等人发现这两个控制基因大约影响多达 100 个其他基因。“你可以把 daf－2 看成交响乐团的指挥家，指挥长笛、小提琴和大提琴，每样起一点作用。”凯尼恩告诉戴维·邓肯（David Duncan）。这两个主宰基因似乎彼此反向，凯尼恩报道：daf－2 中延长寿命的变异使这个基因活动较少，而 daf－16 中的变异增加这个基因的活动。凯尼恩后来戏称 daf－2 基因为“冷酷无情的死神”基因，而 daf－16 是“不老泉”基因。她认为这两个主宰基因在生命进化的早期就出现了，那时，首批生命在早期地球的风暴、猛烈的阳光和火山喷发之类的恶劣环境中挣扎求存。

细胞的控制链

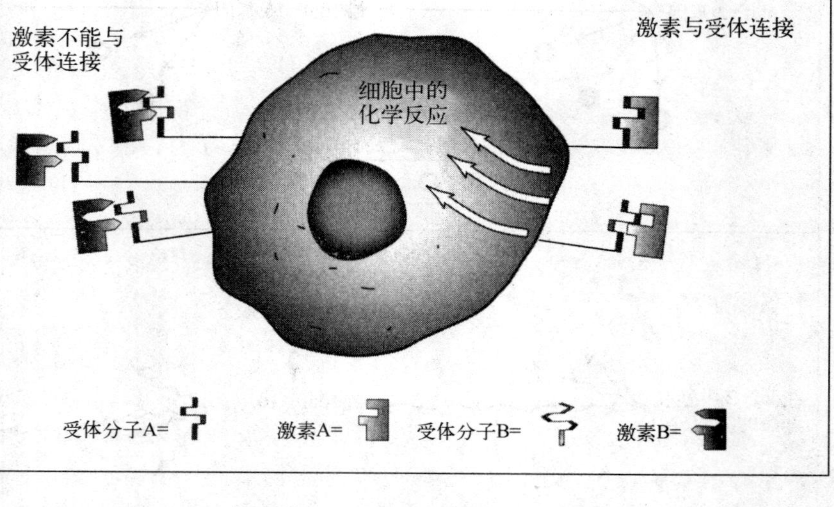

影响细胞的许多分子和激素在与细胞表面的受体分子附着或连接后才开始活动。线虫体内的 daf－2 之类的基因指导这些蛋白质受体的形成。每种受体的形状只适合某种特定的物质，类似一把锁对应一把钥匙的机制。激素连接到受体后，触发细胞内一系列化学反应。这些反应，可能造成细胞生长和分裂。

截至 2003 年，凯尼恩等人已经发现了超过 30 种由主宰基因引导的其他基因，这些基因有助于延长寿命。实际上，研究人员正试图了解，基因交响乐团的每个成员演奏什么乐器，它们在长寿交响曲中如何起作用。

凯尼恩说，有些基因防止细胞基因受到自由基的破坏，自由基由热和化学物质作用引起，随着年龄增长在生物体内堆积。另一些基因修复受损的蛋白质或改变身体利用食物和能量的方式，还有一些基因击退细菌引起的疾病。

基因与激素

凯尼恩的发现激发了其他科学家研究基因与衰老之间的关系的兴趣。一些实验室开始在其他动物体内寻找类似 daf－2 和 daf－16 的基因，从酵母到小白鼠，他们都有所发现。另一些人研究这项基因在生物体内究竟起什么作用。他们发现 daf－2 在生物体内制造一种蛋白质，这种蛋白质位于线虫某些细胞的表面，是某种激素的受体。

激素是由身体的某些组织制造出来的物质，会影响其他组织的活动。例如，有些激素刺激生长，另一些控制性别发育和繁殖。这种化学物质只能对有受体的细胞起作用。激素与受体之间的搭配就像钥匙和门锁那样。两者匹配时，激素就会“打开”细胞中的基因引发一系列复杂的物理化学反应。Daf－16 基因也会开启或关闭基因，但是作用机制不同。

哈佛医学院的科学家加里·鲁昆（Gary Ruvkun），1997 年证实，与 daf－2 制造的激素配对的受体与哺乳动物（包括人类）体内的另两种激素有关。一种是胰岛素，控制身体消化利用食物；另一种物质与胰岛素有些类似，叫做类胰岛素生长因子 1。顾名思义，这种蛋白质促进细胞生长和分裂。

鲁昆的发现暗示类似 daf－2 和 daf－16 基因的改变可能既与线虫的衰老有关也与人类有关。2003 年初，哈佛医学院的朗·卡恩（Ron Kahn）和法国生物化学研究所的马丁·赫尔泽伯格（Martin Holzenberger）分别发现了支持这种猜测的证据。他们让小白鼠体内的 daf－2 失去活性，这些小白鼠与正常情况相比寿命延长了 26％。就像凯尼恩的线虫，这些小白鼠也青春常驻，健康长葆。

低热量，长寿命

研究人员正在研究这些基因与寿命的关系，还有另一种有可能延长寿命的方法：半饥饿饮食。因为胰岛素会影响生物体对食物的利用，所以这种联系并不让人觉得意外。在20世纪30年代，康乃尔大学的科学家克莱夫·M.麦克莱伦(Clive M. McCay)，用营养丰富但是低热量的饮食饲养小白鼠，后来发现这种处理会剧烈降低胰岛素的水平。他发现，与正常饮食的小白鼠相比，一半的小白鼠的寿命延长了20%—40%。后来，科学家在各种生物中，从酵母、果蝇到鱼类，都发现了同样的现象。

一些人已经尝试通过平衡的低热量饮食延长寿命。虽然科学并没有证明这真的有效，但是即使真的有效，很多人也不愿意这样做。有的科学家认为，最后会有药物或者基因疗法提供与低热量饮食同样的效果，但是能免去低热量饮食的痛苦。另一方面，一些营养学家认为，减少饮食中碳水化合物的分量也能起到与低热量饮食同样的作用。碳水化合物，特别是糖类和容易转化成糖类的食物，例如糖果、马铃薯、意大利面和米饭，会增加血液中胰岛素的含量，进而影响细胞对这种激素的反应(其他碳水化合物，例如豆类和完整的谷粒，只会造成胰岛素小幅度增加)。低碳水化合物的饮食现在很流行，部分营养学家认为，这种饮食即使热量不低，一方面会让人们更健康，另一方面也有助于减肥。凯尼恩自己的饮食只含少量容易转化成糖类的碳水化合物。

寻找抗衰老药物

与此同时，凯尼恩继续摆弄她的线虫基因。2004年10月，她宣布创造了能生存125天的线虫——是普通线虫寿命的6倍。一个人如果受到相同疗效的治疗的话，他的寿命将超过400岁。就像她对自己观察的第一条老线虫充满同情一样，这次，凯尼恩说她妒忌这些长寿线虫。她对博伊斯说："我想像那些线虫那样。"

凯尼恩在衰老的遗传学方面的工作带给她世界性的知名度。1997年，加州大学洛杉矶分校提名她为赫伯特·波意尔生物化学和生物物理学杰出教授。她领导学校的希尔布隆衰老生物学中心，2003年，她还当选为美国遗传学学会主席。1998年，她荣获埃利森医学基金会奖，2000年获得费萨尔国王国际医学奖。其中费萨尔奖包括20万美元现金奖励。

虽然改变基因使凯尼恩的线虫活得更久，但是她并不认为基因疗法是延长人类寿命的最佳方案。正好相反，她觉得科学家可以发明一些药物，通过改变激素和受体的产生，模仿改变基因的效果。2000年，她与他人在马萨诸塞州剑桥市共同创办了一家公司，名为万能药医药公司

(Elixir Pharmaceuticals),致力于开发上述药物。这家公司已经在小白鼠身上实验了一些药物,凯尼恩为这些药物确定的第一个目标是推迟或阻止与衰老有关的会造成瘫痪的病症,例如心脏病、多种癌症和老年痴呆症,这种病会破坏大脑,使人丧失思考和记忆的能力。

真正的不老泉

凯尼恩认为她最有价值的发现是衰老并不是完全不可避免的。正相反,"我们开始把衰老当做一种可以治愈的疾病来考虑,或者至少可以推迟。"她和另一位万能药公司的创始人伦纳德·格伦特(Leonard Guarente)在一篇文章中写道,《史密森》的记者霍尔在文章中引用了这句话。凯尼恩说,寿命的长短是两种力量竞争的结果,就是破坏瓦解细胞和保护维持还有修复细胞之间的竞争。"在大多数动物体内,破坏的力量始

社会效应: 延长寿命的危害

没人会反对治疗心脏病和老年痴呆症,但是批评家,例如保守派伦理学家利昂·凯斯(Leon Kass)就质疑大大延长人类寿命的想法。这些反对延长寿命的人指出,地球已经超载了。他们声称,增加大量老年人,其中许多人将需要昂贵的医疗照料,会造成严重的经济和生态灾难。至少,大量延长了寿命的人会造成一个非常保守的社会,著名的哈佛动物学家爱德华·O. 威尔逊(Edward O. Wilson)1999年5月在《绅士》(Esquire)中写道。这些人"将具有青少年的体能但……在文化、教育和情感上是老龄的……那些延长了寿命的人……不会支持改革。他们不可能是大胆的实业家或敢于冒险的探险家。"

不过,凯尼恩认为,抗衰老治疗的发展速度会很慢,这样有足够的时间让社会适应这种变化。她告诉邓肯:"如果每个人的年龄都慢慢地翻倍,老人跟年轻人的比例是不变的。所以,世界上充满颤颤巍巍的老人的状况是不会出现的。"正相反的是,她认为,寿命增加后人会继续工作,积极为社会做贡献。关于人口过多问题,凯尼恩认为,可以通过降低人口出生率解决——鼓励人们少生孩子或者晚点生孩子。"有了长生不老药后,出生率会再下降一些。"

终是有限的。那为什么不提高一点点基因的效力呢？起保护作用的基因？”她对邓肯说。在不远的将来，凯尼恩相信，一粒药丸可以真正实现印度人告诉德·里昂那眼神奇的泉水的作用：让人青春永驻，如果不是这样的话也有差不多的效果。那么她本人希望这样吗？比如说150岁？“当然”，2004年，她对邓肯说：“如果我健康且年轻。有人不愿意吗？”

生平年表

20世纪30年代	康乃尔大学的研究人员麦克莱伦在实验中发现，用营养均衡热量极低的饮食饲养的小白鼠的寿命比普通小白鼠长20%—40%
1954年	2月18日，凯尼恩在芝加哥出生
20世纪60年代初	布雷纳在剑桥大学开始研究线虫的遗传学问题
1981年	凯尼恩获得麻省理工学院博士学位，并决定去布雷纳的实验室研究线虫
1986年	凯尼恩加入加州大学洛杉矶分校
1990年	凯尼恩开始研究衰老
1993年	凯尼恩证实两个基因的变异使线虫的寿命延长了2倍
1997年	鲁昆证实daf-2基因制造一种类胰岛素激素的受体 加州大学洛杉矶分校提名凯尼恩为赫伯特·波意尔生物化学和生物物理学杰出教授
1998年	秀丽隐杆线虫基因组测序完毕
1999年	凯尼恩与他人共同创办万能药医药公司，马萨诸塞州的一家公司，试图开发抗衰老药物
2000年	凯尼恩荣获费萨尔国王国际医学奖
2003年	两组科学家分别报道通过改变小白鼠体内一个类似daf-2的基因延长了小白鼠的寿命 凯尼恩创造出一种线虫，其寿命是正常线虫的6倍，而且健康活跃

扩展阅读

图书：

安德鲁·布朗(Brown, Andrew),《从线虫开始》(In the Beginning Was the Worm)。纽约：哥伦比亚大学出版社,2003年。讲述秀丽隐杆线虫的研究历史,特别是布雷纳和他的同事的工作。

史蒂芬·S. 霍尔(Hall, Stephen S.),《出售永生的商人》(Merchants of Immortality)。波士顿：霍顿·米夫林出版社(Houghton Mifflin),2003年。描写试图减慢或阻止衰老、延长寿命的科学家和企业家。

格温·麦克法兰(Macfarlane, Gwyn),《亚历山大·弗莱明：人与神话》(Alexander Fleming: The Man and the Myth)。马萨诸塞州,剑桥市：哈佛大学出版社,1984年。弗莱明的传记,修正人们对他的误解。

文章：

梅利莎·布洛克(Block, Melissa),《揭开指示生命长度的遗传控制》(Discovering the Genetic Controls That Dictate Life Span)。《延年益寿杂志》(Life Extension Magazine),2002年6月。在线阅读。URL: http://www.lef.org/magazine/mag2002/jun2002_report_kenyon_01.html。2004年9月15日访问。讲述凯尼恩和她的实验室的抗衰老研究。

内尔·博伊斯(Boyce, Nell),《匆忙减慢生命的时钟》(In a Hurry to Slow Life's Clock)。《美国新闻和世界报道》(U. S. New & World Report),2003年12月29日。第74页。关于凯尼恩和她科学发现的短文。

戴维·尤因·邓肯(Duncan, David Ewing),《延长生命长度的生物学家》(The Biologist Who Extends Life Spans)。《发现》(Discover),2004年3月,第16—18页。对凯尼恩的详尽采访。

亚历山大·弗莱明(Fleming, Alexander),《有关培养的青霉菌的抗菌作用,特别提到它们在隔离B型流感病毒方面的作用》(On the Antibacterial Action of Cultures of a Penicillium, with Special Reference to Their Use in the isolation of B. influenzae)。《英国实验病理学杂志》(British Journal of Experimental Pathology),10(1992):第226—236页。科学论文,记录弗莱明发现青霉素。

史蒂芬·S. 霍尔(Hall, Stephen S.),《凯尼恩对青春常驻的追求》(Kenyon's Ageless Quest)。《史密森》(Smithsonian),2004年3月,第56—63页。详细记录凯尼恩和她的发现,包括其他实验室的相关研究。

C. J. 凯尼恩(Kenyon, C. J.),《变异秀丽隐杆线虫的寿命是野生型的2倍》(A C. elegans Mutant That Lives Twice as Long as Wild Type),《自然》(Nature),1993

年 12 月 2 日，第 461—464 页。科学论文，记录凯尼恩发现一种秀丽隐杆线虫寿命增长的突变品种。

辛西娅·凯尼恩(Kenyon, Cynthia),《当代人物传记年鉴(2005)》(Current Biography Yearbook 2005)。纽约: H. W. Wilson, 2005 年。概述凯尼恩，有采访节录。

史蒂文·科特勒(Kotler, Steven),《辛西娅·凯尼恩》(Cynthia Kenyon),《发现》(Discover), 2004 年 11 月，第 78 页。对凯尼恩的简短采访。

爱德华·O. 威尔逊(Wilson, Edward O.),《长生不老之人的世界》(A World of Immortal Men),《绅士》(Esquire), 1999 年 5 月，第 84 页。著名动物学家质疑延长寿命对社会有益。

7 你好，多利

——伊恩·威尔默特与克隆技术

当一只小羊羔出生时，通常只有它的妈妈和它的牧场主会知道和在意这事。但是，1997 年 2 月 23 日一只名叫多利的小羊羔出生的消息，浓墨重彩地登上了当天《纽约时报》的首页。在接下来的几个月里，播音员和作家对这头看上去普通得不能再普通的绵羊倾泻了无数激动人心的词汇。有的人甚至认为多利的诞生会改变我们作为人类的意义。

多利让大家这么兴奋是因为它是克隆出来的，它是另一个动物精确的遗传拷贝。它并不是第一个克隆出来的动物，甚至不是第一个克隆出来的哺乳动物。不过，多利是第一个用成年动物的成熟细胞克隆得到的动物。对于科学家来说，这意味着细胞发育的时钟可以往回拨动，这一壮举之前做梦都没人想到有可能发生。不过，对于大多数人来说，一个婴儿可能是一个已有的成年人的基因复制品，多利的出生预示着克隆人的诞生——只是时间的问题。

伊恩·威尔默特(Ian Wilmut)，是在苏格兰一个宁静的农业研究实验室里创造出多利羊的科研小组的领导人，他并不想克隆人。他甚至没打算克隆动物。通向多利的道路很长，蜿蜒曲折。

从水手到农夫到科学家

威尔默特最初的计划是当一名水手。1944 年 7 月 7 日，他出生在英国汉普敦鲁西村(Hampton Lucy)，在约克郡(Yorkshire)工业区长大。他的父母都是教师，但是他崇拜的一个家庭友人在英国海军任职，作为一个小男孩，威尔默特希望追随那个男子汉的足迹。不幸的是，10 岁时，这个梦想破灭了，威尔默特发现海军永远都不会招收他，因为他是色盲。

威尔默特的第二项爱好是农业，因为他很享受户外时光，而农夫的生活可以使他大多数时间都待在户外。他周末在农场工作，给奶牛挤奶，看它们生小牛。那些经历让他对动物生物学产生了兴趣。

1997 年，威尔默特宣布用一个成熟细胞制造了一头克隆羊，引发克隆人即将出现的忧虑。（罗斯林研究所）

之后，威尔默特入读诺丁汉大学（University of Nottingham）的农学院，打算当一名奶牛场的农夫，但是他很快就发现自己并不擅长农业经营方面的事务。1966 年的一份暑期工，正好在他四年级开学前，把他的思绪引向了另一个方向。威尔默特在克里斯托佛·普尔齐（Christopher Polge）的实验室工作，普尔齐是剑桥大学的一位科学家，这份工作使他接触到了胚胎——处于发育早期的生物。动物的胚胎用肉眼刚好能看到，但是在显微镜下，“它们是非常漂亮的小东西”，1998 年威尔默特在网络教育组织成就学院（Academy of Achievement）的一次采访中对记者说。

威尔默特对发育的过程着了迷，他把注意力转向胚胎学研究，胚胎学正是研究发育过程的学科。1967 年，他从诺丁汉大学毕业，获得农业科学学士学位，之后他又回到普尔齐的实验室。普尔齐那时正在开发良种猪、牛和其他牲畜冷冻精液的技术，把家畜的精液存储起来以便日后人工授精时使用。

威尔默特 1971 年获得剑桥大学达尔文学院的博士学位，在博士学习期间，他开发了用于冷冻公猪精液的技术。

威尔默特的博士后工作也是在普尔齐那里做的，参与弗罗斯特（Frosty）的繁殖研究工作，弗罗斯特是世界上第一头采用解冻后的冷冻胚胎繁殖的小牛，1973 年初降生。同年 10 月，威尔默特去了位于苏格兰的罗斯林（Roslin）爱丁堡（Edinburgh）附近一个宁静的乡村动物繁殖研究工作站的政府农业实验室。这个机构 1993 年更名为罗斯林研究所。

转变研究方向

威尔默特在研究所的第一个项目，是尝试解释为什么那么多胚胎在完成发育前就死亡了，主要关于牲畜的遗传问题。例如，牛和羊大约 1/4 的受精卵不能产生活的后代。对农民来说，这种大比例的损失代价高昂，威尔默特希望找出原因，这样就有可能找到减少损失的办法。

在 20 世纪 80 年代初，新主任罗杰·兰德(Roger Land)接管了罗斯林研究所，他决定将研究所的研究重点转向牲畜的基因工程。兰德要求

相关链接：　　农业制药

20 世纪 70 年代，波意尔和其他基因工程先驱们把细菌变成“工厂”，制造胰岛素和其他可以作为药物售卖的人类蛋白质。大概在 10 年后，商人和研究人员试图如法炮制牛、羊等牲畜，而药物成分通常出现在这些动物的乳汁中。在英语中，药物的词根与农业一词有着相同的发音，所以这就构成一个很有意思的双关语，利用动物制药的农业制药一词诞生了。

研究人员 1985 年首次成功制造基因改造(或者说转基因牲畜)。不过，威尔默特等科学家知道，这个过程非常困难，而且没人能保证一个转基因动物与一个正常动物的后代是否仍然携带那个改造过的基因。克隆是制造较大量携带同一插入基因动物的唯一方法。因此，医药公司极力支持威尔默特等科学家研究动物克隆技术。

到目前为止，通过克隆或其他方法得到的转基因“制药”动物只有寥寥数只。可能正是因为数量太少了，转基因动物没有像转基因植物那样引起轩然大波，转基因植物常见得多。不过，一些环境保护主义者和动物权益组织声称不应制造这类动物。动物权益支持者指出部分转基因动物有严重的健康问题。环境保护主义者则关注一种 2000 年出现的转基因鲑鱼，这种鲑鱼的生长速度是正常鲑鱼的 2 倍。他们担心这些变种鱼类逃入河流的话，会驱逐野生鲑鱼。不过，转基因鲑鱼的开发者称这些鱼是不能繁殖的。

威尔默特停止他的胚胎研究，找出方法将人的基因放入牛或羊的受精卵中以创造一些新型动物，这些动物的奶水包含有医疗价值的人类蛋白质。威尔默特被要求放弃自己研究多年的项目十分气愤，以至于几乎要辞职走人，不过最后他还是决定留下来，因为他和妻子不愿离开他们在乡间的家，也不想让3个孩子换学校。

威尔默特很快发现(就像那时许多其他科学家发现的那样)，将基因插入哺乳动物的卵细胞中，并不像把DNA放进细菌里那么容易。第一只基因改造的哺乳动物转基因小白鼠在1980年出生，但是在小白鼠身上起作用的技术并不一定能用在大型牲畜上，因为还没有在这些动物身上找出这种实验必须用到的某种细胞。

一个受精卵产生一个生物体身体中的所有细胞，所以，这个细胞能变成皮肤、骨骼、肌肉或其他任何一种细胞。当未出生的生物体开始发育时，大多数细胞就已经丧失了这种功能，但是早期胚胎中少数几个名为胚胎干细胞的细胞还有这种功能。1981年，英国的两个科学家从小白鼠胚胎中提取出胚胎干细胞，并开发出让这些细胞在实验室中生长的技术。研究人员发现，如果改变胚胎干细胞的基因，再将这些细胞重新植入小白鼠胚胎，最后长大的小白鼠体内某些细胞会含有改造后的基因。20世纪80年代中期，威尔默特试图从牛和羊的胚胎中提取干细胞，不过从未成功。

一则克隆传闻

将改造后的干细胞重新放入胚胎中并不是大量制造基因工程动物唯一可能的方法。威尔默特在《第二种生物》(The Second Creation)一书中写道："我很快就想到了，如果我们首先让受精卵复制，得到几个或很多细胞，然后把新的DNA加入那些细胞，最后再用每个改造后的细胞培育胚胎。这种繁殖技术就是克隆。"书中讲述了多利的发展过程，是威尔默特与罗斯林研究所研究员基思·坎贝尔(Keith Campbell)和科学作家科林·塔基(Colin Tudge)合写的。利用克隆技术，每个成功的基因转移都可以制造许多胚胎，不会仅仅只有一个。

1952年，宾夕法尼亚州癌症研究所的两位发育生物学家罗伯特·布里格斯(Robert Briggs)和托马斯·J.金(Thomas J. King)就曾采用体细胞核移植技术克隆青蛙，他们把一个青蛙的受精卵去掉细胞核，然后把这个卵细胞与一个发育初期的青蛙胚胎细胞融合。卵细胞的细胞质重置了后来加入的细胞核的基因，使这个组合细胞可以分裂发育成一个青蛙胚胎，最终长成一个蝌蚪。这个蝌蚪所有细胞中的基因与提供细胞核的那个细胞的基因一模一样，这说明这个蝌蚪是那个提供细胞核的青蛙的克隆体。宾夕法尼亚大学的达沃·苏特(Davor Solter)等人将这种技术推广到小白鼠身上。到20世纪80年代中期，科学家们得出结论，细胞核转移(可能其他任何克隆技术)都不能用于哺乳动物。

威尔默特也同意这种看法，直到1986年初，在一次科学会议上，他与一位同行长谈了数小时，那人告诉他丹麦裔科学家斯泰恩·威拉德森(Steen Willadsen)用发育晚期的单个胚胎细胞克隆出一头小牛犊。这个消息让威尔默特大吃一惊，因为胚胎晚期的所有细胞都被认为是分化的。难道威拉德森最终找出了牛的干细胞——或者，更惊人一些，难道他找到了一种方法使细胞核转移对某些特殊细胞起作用？

在加拿大的威拉德森并没有发表文章公开他的工作，所以威尔默特追到了加拿大拜访他。威尔默特问他传言是不是真的，他说是的。他说明自己的技术是采用未受精的卵子而不是受精卵，再用十分微弱的电流促使没有细胞核的卵子和体细胞融合。回到罗斯林研究所，威尔默特说服兰德同意他重复和延伸威拉德森的实验。

让细胞停下来

随着细胞不断生长和分化，它们进入细胞周期的不同阶段。举个例子，在某一阶段，细胞复制DNA，在下一个阶段检查拷贝中的错漏。1990年前后，威尔默特实验室的研究生劳伦斯·史密斯(Lawrence Smith)发现，细胞核移植在某些细胞周期的成功率大于其他细胞周期。使用处于同一细胞周期的卵细胞和细胞核供体细胞也是关键之处。

威尔默特1991年招聘了一位名叫坎贝尔的英国细胞生物学家，帮助他研究史密斯的发现。坎贝尔决定，为了找出细胞周期中哪些部分最适合克隆，他需要同时获得大量处于同一细胞状态的细胞。他觉得，能让大量细胞处于同一状态的方法，可能就是让它们挨饿。他知道，当细胞缺少营养时，为了保护自己会停止分裂进入一种平静状态，直到食物再次出现(这个休息状态是正常细胞周期的一部分，不过当营养缺乏时，这个阶段会延长)。坎贝尔觉得，要是限制培养皿中细胞的营养，那么所有的细胞都会进入休眠状态。

坎贝尔的计划成功了。营养匮乏不但使大批细胞进入细胞周期的同一阶段，而且，采用这些细胞的细胞核进行细胞核移植，似乎这些细胞核里的基因比以前那些更容易响应细胞质的重置。结果，大多数融合细胞都发育成了胚胎。而且，无论提供细胞的胚胎年龄的大小还是细胞在实验室中生长时间的长短，采用这种饥饿细胞克隆效果很好。换句话说，就像威拉德森的工作暗示大家的，已分化和未分化的细胞都能被克隆。

自始至终让人着迷的克隆

威尔默特和坎贝尔采用他们新的细胞核移植技术处理未受精的绵羊卵细胞，然后与一个发育晚期的绵羊胚胎细胞融合。融合细胞产生的大多数胚胎都没能存活下来，不过，正如研究人员所希望的，有少数几个活下来了。当这些胚胎长得足够大以后，威尔默特和坎贝尔把它们移入代孕绵羊体内。最后，1995 年 7 月，罗斯林团队的第一只克隆动物出生了，两只雌性威尔士山地羊，名为梅甘(Megan)和莫拉格(Morag)。

威尔默特和坎贝尔想知道他们能走多远。就像开玩笑一样，他们决定试试能不能重置成年动物的成熟细胞，看看这样能不能产生一个完整的胚胎。PPL 治疗公司(PPL Therapeutics)(这个公司 1987 年为商品化罗斯林研究所的科研成果而创立)同意资助这项实验，希望克隆技术可以用来复制能生产药用蛋白质的基因工程动物。

多利诞生

威尔默特和坎贝尔决定从在 PPL 的冷藏室里找到的一个培养皿细胞着手，那些细胞碰巧是一只 6 岁大的芬兰多赛特母羊的乳腺细胞。他们用细胞核移植步骤处理这些细胞，为了对比，也同样处理了绵羊的胚胎和不同年龄的胎儿细胞(胎儿是未出生的生物，是胚胎之后的发育阶段)。

最后，在从胎儿细胞和胚胎细胞开始的实验中，他们得到 7 头小羊羔，但是由成体细胞开始的实验只有一头小羊羔一直活到出生。这个不寻常的动物最后在 1996 年 7 月 5 日降生。罗斯林小组给它起名为多利，

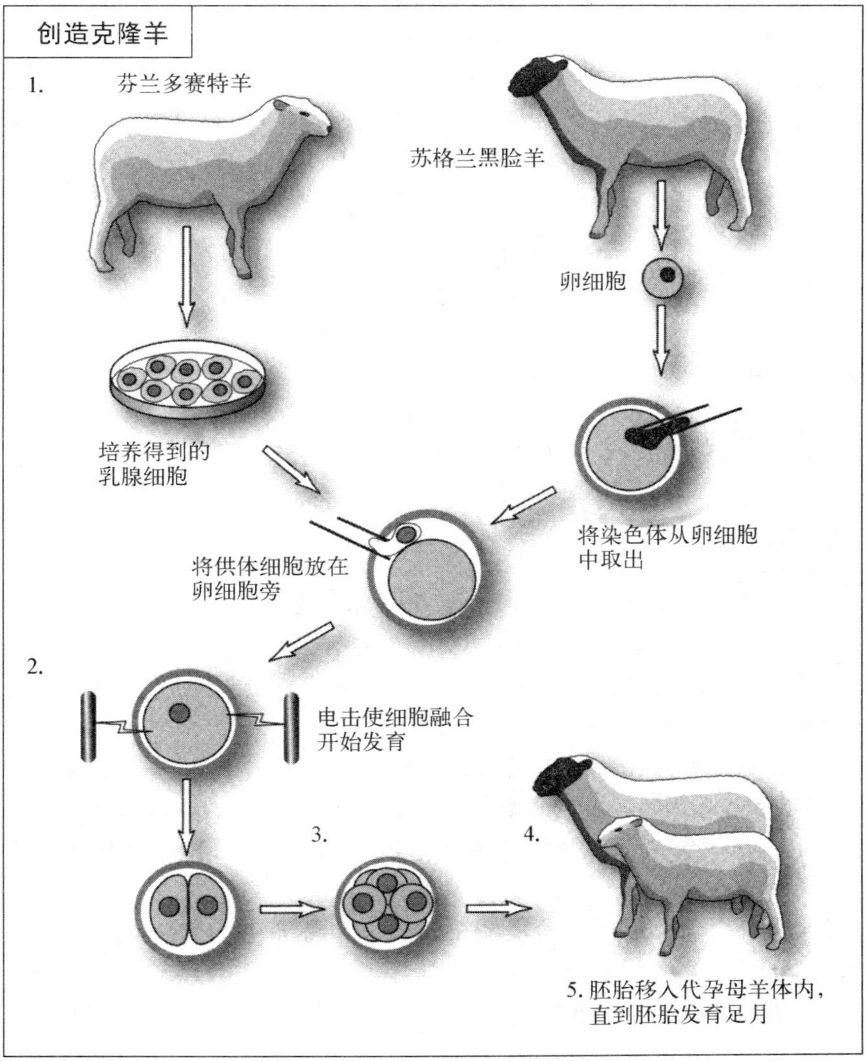

在制造克隆羊多利的过程中，威尔默特小组从正常母羊体内取出未受精的卵细胞，去掉含有DNA的细胞核（第一步）。研究人员用微弱的电流使这些卵细胞与一些成熟细胞融合，其中成熟细胞来自另一头成年羊的乳腺组织，在传统的培养皿中培养后，通过限制营养物质使之进入休眠状态（第二步）。融合后的细胞采用传统方法培养，直至进入胚胎发育的早期——胚泡（第三步）。然后，每个微小的胚胎移入代孕母羊的子宫里（第四步）。在277个实验样品中，只有多利充分发育，存活至出生（第五步）。

来自英国歌手兼演员多利·帕顿(Dolly Parton)。

多利出生后的那几个月就像它出生时那样平平静静。威尔默特小组密切关注这头小羊羔,确保它的健康,他们还做了一些测试,证实它在遗传上与它的"生母"那只芬兰多赛特母羊一模一样。他们没有在报纸发表他们的成果,因为久负盛名的科学杂志《自然》接收了他们关于多利的科学论文,不过,《自然》杂志有一条规定,在他们的刊物上发表的研究工作不能在文章出版日期之前公之于众。PPL 治疗公司也希望此事保持低调,直到取得威尔默特和坎贝尔所用技术的专利为止。

媒体喧嚣

多利平静的生活突然中断了。伦敦的一家报纸《观察家》(Observer)

相关发明: 试管婴儿

在此之前,有一种改变人类生育方式的技术也像多利的出生那样,引起轩然大波。在 20 世纪 70 年代初,两个英国科学家,胚胎学家罗伯特·爱德华兹(Robert Edwards)和外科医生帕特里克·斯特普托(Patrick Steptoe)开发出一种方法,从妇女的卵巢中取出卵子,在实验室里用丈夫的精子授精。一旦胚胎开始生长,就移入母亲的子宫(有时是代孕母亲的子宫),继续发育成胎儿。这种技术叫做试管婴儿,是为帮助不能正常受孕的夫妇设计的,例如输卵管阻塞或受损的妇女。

第一个试管婴儿路易斯·布朗(Louise Brown)于 1978 年 7 月 25 日出生。就像多利一样,她是许多样品中唯一幸存下来的一个(那次人类实验中有 102 个失败)。正如多利出生后的情况,一些科学家认为这个过程太不安全,不适用于人类,一些宗教领袖声称制造像布朗一样的"试管婴儿"(其实"培养皿婴儿"一词更为准确)是不道德的,因为这将性与生育分割开来。

随着时间推移,试管授精变得更加可靠,正是这样,反对意见渐渐平息了。在北美洲和欧洲,随着这项技术的发展,20 年间有近 100 万个试管婴儿诞生,这项技术现在应用得更加广泛。

在 1997 年 2 月 22 日报道了这个故事，在时间上大约比《自然》的安排提前了一个星期。《纽约时报》不甘落后，第二天把这个故事放在头版。其他媒体也迅速跟进，多利出生的故事——某种程度上意味着人类克隆——传遍全世界。

威尔默特和罗斯林小组实际上已经预计到会有一些媒体关注，但是他们对媒体的狂热大吃一惊。"我们对上千个电话一点准备都没有，上百个采访、参观和合约的要求，还有一些指责(强烈抗议)，可是我们本来不用担心这些。"威尔默特在《第二种生物》中写道。

作为研究团队的领导，威尔默特必须回答大部分记者提问。最常见的问题是罗斯林的科学家是否计划克隆人类。威尔默特一次又一次地重复说他没有这样的企图，实际上，他觉得做这样一件危险的事情是很不明智的。

他指出多利是 277 个试验品中唯一一个成功出生的——人类实验成功的可能性微乎其微。

大明星多利

在多利诞生后的几年里，世界各个地区的科学家克隆出各种各样的动物，比如说小白鼠，甚至还有猴子，都采用细胞核移植。这些克隆动物中的一部分过着正常的生活，但是另一些在出生后很快死亡，或是出现严重的健康问题，这可能跟克隆有关。

与此同时，多利自己似乎很享受媒体明星的生活。绵羊都很害羞，当人类靠近时都会远远地躲到一边去，但多利常常跑上前去向参观者致意。它把前脚放在羊圈的围栏上，摆好姿势让人给它拍照，欣然接受抚摸和喂养。实际上它吃得太多了以至于长得很胖。超重可能是它作为一只绵羊来说过早患上关节炎的其中一个原因。总体看来，它的健康状况不错。通过正常方式，多利生下 6 只小羊羔。

不幸的是，多利大约 7 岁半时——中年晚期，以绵羊的标准衡量——它受到病毒感染患上一种无法治愈的肺病。2003 年 2 月 13 日，世界上最著名的绵羊多利被施行安乐死。

多利看起来似乎乐于摆好姿势照相，就像这张它与威尔默特的合影。（罗斯林研究所）

从绵羊到人

威尔默特的实验目标原本是找出克隆转基因牲畜的方法，他最终实现了这个目标。1997 年 7 月，罗斯林小组宣布另一只小羊羔波利（Polly）诞生，它是基因工程的克隆体（由一个胎儿细胞得到）。波利的母细胞含有一个人类基因，这个基因使它的乳汁中含有凝血因子 9，那是遗传了血友病的人必须补充的几种蛋白质之一。

威尔默特和他的同事以及其他实验室，都在尝试将人的基因插入猪，这样猪的器官有可能移植到人体中，缓解现在严重的器官短缺。猪和人在遗传上很相似，但是两者的差异足以让人的免疫系统破坏放入人体内的猪组织。科学家希望附加基因制造的蛋白质能蒙蔽免疫系统，从而使人体接纳猪的器官。

2000 年前后，威尔默特将研究方向从动物转向人类。虽然他仍然对克隆人的想法不屑一顾，但是他想克隆人类胚胎，以提供足够的胚胎干细胞和其他研究用细胞。这种胚胎只允许发育到数百个细胞大小。

社会效应：　　克　隆　人

关于利用克隆技术制造人类小孩的消息在多利诞生后蜂拥而出，特别有几个小组，从意大利生育专家塞维里诺·安蒂诺(Severino Antinori)到一个名为雷利安(Railians)的邪教组织，宣布(没有证据支持)他们正克隆或者已经克隆出人类小孩。1998年1月12日，欧洲理事会禁止这种被称为繁殖性克隆的克隆，至少有另外二三十个独立主权国家也禁止或中止这类活动。美国也通过一项法令禁止繁殖性克隆，但是有几个州已经在实验中，大多数美国人觉得这确实应该禁止。

对克隆婴儿的反对意见远远多于对安全问题的考虑。有的批评者认为克隆人是“玩弄上帝”。另一些人担心克隆婴儿的父母或孩子本人，会认为这种小孩只是一个产品，而不是独立的人类。克隆人的制造者希望看到与自己本人、失去的爱人或选用的著名人物一模一样的复制品。

克隆的支持者称克隆人只是推迟出生的双胞胎之一，与自然产生的双胞胎没什么区别。

英国法律允许这类人类克隆，专业上叫做研究性克隆或者治疗性克隆。不过，任何计划进行治疗性克隆的英国研究人员都必须获得英国政府人类授精及胚胎管理局(Human Fertilization and Embryology Authority)的许可。2004年10月26日，威尔默特在他的研究领域内再次拔得头筹，申请许可，官方于2005年2月8日批准。管理局只向另外一个小组颁发了类似的许可。

威尔默特在申请时表示，他计划用患有肌萎缩性脊髓侧索硬化症(简称ALS，或称洛·盖赫里格症，在英国，这种病被视为运动神经元疾病中的一种)的人的细胞克隆出胚胎，这种不可治愈的神经疾病逐渐造成肌肉萎缩瘫痪，最终导致死亡。威尔默特打算从胚胎中取出干细胞，将它们培育成神经细胞。他希望了解由ALS患者的细胞发育成的神经细胞与正常胚胎细胞发育成的神经细胞有什么不同。这种信息有助于解开现在还没人知道的ALS成因，或者还有可能提供治疗方法的线索。

威尔默特因为他的工作获得了许多奖项，包括大英帝国勋章(Order

of the British Empire 1999 年)。其他奖项有基尔盖兰劳埃德勋爵奖(Lord Lloyd of Kilgerran Prize)和英国皇家农业学会研究奖章(Research Medal of the Royal Agricultural Society of England)。2002 年,德国恩斯特·先灵基金会(Ernst Schering Prize)颁给他恩斯特·先灵奖。2005 年荣获德国法兰克福大学保罗·埃尔利希和路德维格·达姆斯泰特奖(Paul Ehrlich and Ludwig Darmstaedter Prize)。

除了继续在罗斯林的研究工作之外,威尔默特到世界各地讲授克隆技术,讨论生物技术的伦理问题。他撰写了许多科学论文和通俗易懂的文章,与人合写了一本书介绍多利的诞生及重要意义。威尔默特现在仍是克隆技术领域的领军人物,他在克隆对世界影响问题上的探讨也一直走在前面。

生平年表

1944 年	7月7日,威尔默特生于英国汉普敦鲁西村
1952 年	布里格斯和金采用体细胞核移植技术成功克隆青蛙
1971 年	威尔默特开发出公猪精子冷冻技术,获得剑桥大学博士学位
1973 年	威尔默特繁殖弗罗斯特,它是采用解冻后的冷冻胚胎繁殖的第一头牛 威尔默特在苏格兰动物繁殖研究工作站找到一份工作,开始着手了解为什么那么多胚胎在发育完成前死亡
1980 年	第一个基因改造的哺乳动物(小白鼠)诞生
1981 年	英国科学家取得小白鼠的胚胎干细胞,并在实验室培养皿中培养
20 世纪 80 年代初	威尔默特被迫转向牲畜遗传工程的研究
20 世纪 80 年代中	威尔默特寻找羊和牛的干细胞失败

1985 年	第一头转基因牲畜诞生
1986 年	威尔默特得知威拉德森采用晚期胚胎细胞成功克隆牛后，决定重复并延伸他的工作
1990 年	史密斯发现细胞核转移技术在细胞周期的某些阶段效果较好，使卵细胞和细胞核供体细胞处于同一阶段也有利于细胞核转移
20 世纪 90 年代初	细胞生物学家坎贝尔发现限制营养供应不仅可以使所有细胞进入同一细胞阶段，还能提高细胞核移植的成功率
1991 年	坎贝尔加入威尔默特小组
1993 年	动物繁殖研究工作站更名为罗斯林研究所
1995 年	7 月，采用培养细胞（晚期胚胎细胞）克隆的首批绵羊梅甘和莫拉格出生
1996 年	7 月 5 日，多利出生
1997 年	2 月 22 日，伦敦《观察家》报公布多利出生的消息 7 月，罗斯林小组宣布转基因克隆体波利羊出生
1998 年	1 月 12 日，欧洲理事会禁止欧盟国家进行繁殖性克隆
1999 年	6 月，威尔默特荣获大英帝国勋章
21 世纪初	研究人员克隆出多种哺乳动物 几个小组宣布计划克隆人类，但是没有证据证明已经有克隆人诞生
2003 年	2 月 13 日，多利因感染无法治愈的肺病被施行安乐死
2005 年	2 月 8 日，英国人类授精与胚胎管理局批准威尔默特克隆研究用人类胚胎

扩展阅读

图书：

吉娜·科拉塔(Kolata，Gina)，《克隆：通向多利的道路及前路》(Clone：The Road to

Dolly, and the Path Ahead)。纽约：威廉·玛洛(William Morrow),1999年。讲述创造多利的实验,集中讨论人类克隆的伦理问题。

伊恩·威尔默特(Wilmut, Ian),基思·坎贝尔(Keith Campbell)和科林·塔基(Colin Tudge)合著。《第二种生物：多利与生物学控制时代》(The Second Creation: Dolly and the Age of Biological Control)。纽约：法勒,施特劳斯与吉罗斯(Farrar,Straus & Giroux),2000年。提供与多利的故事有关的科学背景材料。有些部分较难阅读。

文章：

《伊恩·威尔默特博士》(Ian Wilmut,Ph. D),成就学院,科学与探索讲堂。在线阅读。URL：www. achievement. org/autodoc/page/wil0int－1。1998年5月23日访问。2004年9月15日访问。对威尔默特的长篇采访,分为6个部分。记录他的背景及职业生涯,多利的发展,还有他对克隆技术的态度。

约瑟夫·M. 依伯拉海姆(Ibrahim, Youssef M.),《伊恩·威尔默特：作为科学家,秘密向聚光灯屈服》(Ian Wilmut: For Scientist, Secrecy Gives Way to Spotlight),《纽约时代》,1997年2月24日,C17、B8页。有关威尔默特详尽的传记文章,在公布多利出生不久后出版。

吉娜·科拉塔(Kolata, Gina),《科学家报道第一只成年哺乳动物克隆体》(Scientist Reports First Cloning Ever of Adult Mammal),《纽约时报》,1997年2月23日,第1页。美国第一篇报道多利出生的新闻稿件。

《伊恩·威尔默特》(Wilmut, Ian),《当代人物传记年鉴(1997)》,第624—626页。纽约：H. W. 威尔逊,1997年。有关威尔默特的详细传记,包括多次采访的节选。

I. 威尔默特(Wilmut I.)等人,《由哺乳动物的成体细胞和胎儿细胞获得后代》(Viable Offspring Derived from Fetal and Adult Mammalian Cells),《自然》,1997年2月27日。第810—813页。记录多利如何诞生的科学论文。

8

一生二，二生四，四生无穷

——詹姆斯·汤姆森与胚胎干细胞

有些动物有种让人叹为观止的能力。如果一只小猫摁住了一只蜥蜴的尾巴，蜥蜴便会抛弃原来的尾巴逃之夭夭，以后再长出一条新尾巴。青蛙如果失去了一条腿，也可以重新长出来。一条线虫如果被拦腰截断，每一半都可以重新长成一条完整的新线虫。但是人类却不能重新长出任何失去的肢体。

那么那些动物为什么可以？有的研究人员认为，将来人类有可能可以更换在疾病或伤害中失去的组织，甚至还有器官。这个宏伟目标的秘密就隐藏在某种小小的细胞中，这些细胞就像传说中彼得·潘(Peter Pan)永不长大的情形一样。美国麦迪逊市(Madison)威斯康星大学的一位科学家詹姆斯·汤姆森(James Thomson)找到了这些神奇的细胞。

万能细胞

在工作和家庭占用了他全部时间之前，詹姆斯·亚历山大·汤姆森(James Alexander Thomson)喜欢在威斯康星的小山间飞翔或玩玩悬挂式滑翔机。他的研究工作正像一次冒险的航程，颠簸起伏。

汤姆森1958年12月20日生于芝加哥，在芝加哥市郊的奥克帕克(Oak Park)长大。他的父亲是会计，母亲是秘书。他有一个叔叔是美国国家航空航天局(NASA)的火箭专家，受到这位叔叔的启发，汤姆森在很小的时候就决定投身科研事业。他在伊利诺斯大学的厄巴纳香槟分校学习生物物理，1981 年获得理学学士学位，毕业时，他以优异的学习成绩成为美国大学优等生荣誉学会的会员。

当汤姆森还是一个本科生时，他就对生物出生前的发育方式很感兴趣。他了解到人类的身体包含神经细胞、肌肉细胞、皮肤细胞等 220 种不同的细胞。每种细胞都有自己独特的形状、活动和一系列蛋白质。当一个细胞出现了某一类型细胞的特征时，这个细胞就是分化了的细胞。那时，大多数科学家相信，充分分化的细胞只能造出与自己同类的细胞，而不能再造出其他类型的细胞，即使身体里的所有细胞都含有相同的基因，都是同一个细胞——受精卵的后代。

汤姆森找到的人类胚胎干细胞可能会带来全新的治疗手段，但是也有人反对研究这类细胞，因为必须破坏胚胎才能获得实验所需的干细胞。（杰夫·米勒(Jeff Miller)/麦迪逊市，威斯康星大学）

只有受精卵才有本事造出一个生物体内各种各样的细胞，还有对生长中的胚胎起营养作用的细胞。不过，研究人员在 20 世纪 50 年代初开始怀疑，胚胎中可能含有一些全能细胞。这些细胞，虽然当时还未找到，被命名为干细胞，因为许多特种细胞都是从这些细胞起源或衍生来的。在英语中，干细胞一词中的“干”即意为起源。有的科学家预言，成年动物常常替换的组织，例如皮肤和血液，可能也含有干细胞。

1960 年，加拿大安大略癌症研究中心的欧内斯特·迈克库鲁奇(Ernset McCulloch)和詹姆斯·蒂尔(James Till)在小白鼠中鉴别出第一种成体干细胞。这些位于骨髓(部分骨头里油腻腻的东西)中，制造血液里的各种细胞。1974 年，麻省理工学院的霍华德·格林(Howard Green)和詹姆斯·莱茵瓦尔德(Jamse Rheinwald)，从一个新生儿身上取得成熟的皮肤干细胞并培养成功(处于胚胎之后任何发育阶段的干细胞都视为“成熟的”)。不过，没人见到胚胎干细胞的踪影。

亲历者说：　几片皮肤

在 20 世纪 70 年代末，格林和莱茵瓦尔德开发了一种技术，使皮肤干细胞在实验室中增殖成一片外皮(或者说表皮)。这种皮肤，像纸一样脆弱易碎，可以附在一片薄薄的纱布上，覆盖在烧伤或别的伤口上。一周后，这块新皮肤会与伤口周围的健康皮肤融合在一起，然后就可以去掉纱布了。

严重烧伤的患者常常需要切下自己身体上没有被烧伤的皮肤移植到烧伤部位，或者移植其他皮肤至烧伤区域。不过，在少数病例中，患者的烧伤面积太大，没有足够的健康皮肤可供移植。《普罗特斯效应》(The Proteus Effect)(译者注：普罗特斯是希腊神话中一个能够任意改变自己外形的海神)是一本记录干细胞研究的书，作者安·B. 帕森(Ann B. Parson)在书中讲述了一起 1983 年发生在马萨诸塞州剑桥市的意外事故。5 岁和 6 岁大的两兄弟及另一个孩子在涂鸦后用一种溶剂清洗自己，就在那时，其中一个孩子划着了一根火柴，溶剂被点燃爆炸，两兄弟全身 95% 以上烧伤，另一个孩子已经死亡。

约翰·雷门斯奈德(John Remensnyder)是施里那烧伤研究所的外科医生，事发后他向当时在哈佛医学院的格林求助，希望能从两兄弟身上取下小片健康皮肤培育成足够大片的皮肤以修复伤口。那时，格林已经在人类患者身上尝试过人工培养的皮肤，但只是在小型烧伤伤口上。他之前从来没有试过培养那次所需的那么大面积的皮肤。虽然如此，他和实验室的其他同事都同意试一试。帕森记录：格林和他的 5 个进行博士后工作的博士及两个技术员通力合作……

他们要为一个孩子准备146片移植用的皮肤，为另一个孩子准备的移植用皮肤多达233片……每个接片大约7英寸见方。在做手术的那天早上，格林和他的同事早上5点就来到了实验室，这样才有时间将样品放置在纱布上以方便之后的操作，他们将处理好的样品放回培养皿中，再把培养皿打包装箱、充气密封以保证样品处在无菌空气中。最后把所有箱子押送到施里那……

在接下来的几个星期，施里那的工作人员目睹了一项奇迹出现。从两个孩子腋窝处取出的小片皮肤在格林的实验室里增殖了1万倍，这就是让两个孩子起死回生的希望。准确地说，是他们腋下表皮里存活的干细胞救了他们……莱茵瓦尔德说："这是第一次证明，任何种类的人类干细胞都可以通过培养充分扩张，用于永久性的复原患者失去的组织。"

追捕一只难于捕获的猎物

汤姆森的朋友昵称他吉米，20世纪80年代早期，他在宾夕法尼亚大学继续学习胚胎学时接触到干细胞。他在达沃·索克(Davor Solter)的指导下工作，索克那时正研究一种罕见的鼠类癌症。这种癌症叫畸形瘤或畸胎瘤，本质上是一个发育彻底混乱的胚胎。一个畸形瘤包括各种不同的细胞——肌肉、皮肤，有时甚至还有头发和牙齿，不过这些细胞杂乱无章混成一团，而没能形成生物体复杂而有序的结构。20世纪60年代，研究人员发现畸形瘤中所有的细胞都来自一个细胞。

那时，关于胚胎干细胞，科学家所知的一切和所有猜测都来自鼠类畸形瘤的研究，因为研究人员无法从正常胚胎中分离出干细胞。1981年，汤姆森开始研究生学习时，英国剑桥大学的两位科学家马修·考夫曼(Matthew Kaufman)和马丁·埃文斯(Martin Evans)宣布他们在正常小白鼠胚胎中找出了这种细胞，并引导这种细胞在实验室培养皿中稳定增殖。这些细胞取自胚泡，胚泡是胚胎发育的一个阶段，细胞会组成一个中空的球，到那时微小的胚胎就可以移入母亲的子宫。干细胞堆积在胚泡的内壁上，向外突起。

1985年，汤姆森在宾夕法尼亚大学获得兽医学学位，1988年获得分子生物学博士学位。紧接着,他在新泽西州罗氏分子生物学研究所胚胎生物学家科林·斯图尔特(Colin Stewart)的实验室待了几个月,学习怎样提取小白鼠的胚胎干细胞。汤姆森告诉斯图尔特,他准备到比佛顿(Beaverton)的俄勒冈州地区灵长类动物中心做博士后研究灵长类动物胚胎,两人探讨了从猴子等非人类灵长类动物中提取并培养胚胎干细胞的可能性。斯图尔特说,如果这一步实现了,在通向分离人类胚胎干细胞的道路上就前进了一步。汤姆森后来说:"那是我第一次想到人类细胞(胚胎干细胞)。"

从小白鼠到猴子

在比佛顿完成博士后工作后,1991 年 6 月,汤姆森前往威斯康星地区灵长类动物研究中心,参与一个分离灵长类动物胚胎干细胞项目,这个研究中心是麦迪逊市威斯康星大学的一部分,而胚胎干细胞刚刚被证实确实存在。汤姆森发现,无论是从母猴体内取出早期胚胎还是再从微小的胚泡中取出干细胞都十分困难,但是,让干细胞在实验室的培养皿中分裂而不分化成各类细胞(骨头、肌肉、神经等等,它们在正常的胚胎中本来就会不断分化)更加困难。汤姆森改进了埃文斯和考夫曼用在小白鼠胚胎细胞上的技术,将猴子细胞放在一层小白鼠细胞上,这层小白鼠细胞在培养皿中存活良好。底下的那层细胞,专业术语叫做"饲养细胞",制造营养胚胎细胞的生长因子和其他物质。

1995 年 8 月,汤姆森发表论文,报告从恒河猴胚胎中分离出干细胞,并使这些细胞在实验室中培养了近两年而没有分化。这是灵长类动物的胚胎干细胞第一次从胚胎中分离出来并以这种方法生长。

有争议的研究

汤姆森的突破不仅仅只吸引了科学家的关注。在那篇有关恒河猴的论文发表后几天,领导加利福尼亚一家名为赫洛(Geron Corporation)生物技术公司的企业家迈克尔·韦斯特(Michael West)前来拜访汤姆森。韦斯特公司的名字来自希腊语中"老人"一词,暗示韦斯特希望找到阻止人类衰老的方法。他相信人类胚胎干细胞,如果能成功分离的话,可以用来实现这个目标。韦斯特说,如果汤姆森计划寻找这些细胞,赫洛将支付大部分研究经费。

寻找经费是很重要的，因为汤姆森不能像其他科学家那样从国家卫生研究所之类的政府机构申请经费。20 世纪 80 年代末到 90 年代初，美国通过法律规定政府经费不能用于有关人类胎儿(发育 7 周后未出生的人类)组织研究，而且，虽然这些法律没有明文规定，但是似乎也适用于胚胎方面的研究。因此，汤姆森如果想寻找人类胚胎干细胞的话，就需要私人赞助。

那些限制性的法律之所以获得通过，是因为有一派观点认为研究胚胎或胎儿是不道德的——甚至有可能是一种谋杀。持这种观点的人认为，未出生的小孩也是一个独立的人类，从受精卵形成那一刻起就具有全部人权。因此不能用于实验或杀死，但是采集干细胞必然会导致胚胎死亡。有些科学家认为，研究应该被限制在成体干细胞中，可以在许多组织中找到。不过，动物的成年干细胞，不能像胚胎干细胞那样能造出那么多不同种类的分化细胞。因此，包括汤姆森在内的另一些科学家认为，人类胚胎干细胞比成体干细胞在医疗方面更有效。

汤姆森在决定是否要把研究扩展到人类时，反复认真地思考了相关伦理问题。他还与校内的生物学家 R. 阿尔塔・卡洛(R. Alta Charo)和诺曼・福斯特(Norman Fost)讨论这个问题。福斯特对帕森说："吉米(汤姆森)非常关注自己做的事情是不是正确的。他很重视社会大环境，并且明白有些人可能会因他的所作所为心烦意乱。"

汤姆森计划使用的胚胎来自校内的不孕症诊所。在人工授精中，诊所通常会一次对许多卵子授精。2—3 个最健康的胚胎会被移入母亲的子宫(移植几个胚胎是为了确保至少有一个胚胎会完成发育过程变成一个婴儿)，余下的胚胎会冷冻起来备用。截至 2003 年，据估计仅美国就存储了大约 40 万个冷冻胚胎。如果不移入母亲体内，这些胚胎最终会被丢弃，或者，如果父母同意的话，可以用于科学研究。

汤姆森和学校的伦理学家们最终判断汤姆森的项目是道德的。首先，因为干细胞可以用于培养移植用的组织，所以，这项研究有可能帮助身患不治之症的人。其次，这项工作只会采用将被销毁的胚胎。与利用这些胚胎进行拯救生命的研究相比，"我觉得不把它们(胚胎)扔掉会比较好"，汤姆森 2001 年对《时代》杂志的记者弗雷德里克・戈尔登(Frederic Golden) 说。1995 年底，学校的研究评估委员会也批准汤姆森进行他的计划，威斯康星毕业生研究基金会(WARF)则同意提供研究所需的其余资金。

公布一项突破性进展

汤姆森希望，就像小白鼠和猴子一样，人类的胚胎干细胞可能也位于卵泡的内壁。不过，不孕症诊所的胚胎带来一个在动物实验中不会出现的问题。不孕症诊所在授精后的那一天冷冻胚胎，据汤姆森所知，解冻后的胚胎只能在实验室培养两天左右，之后就会濒临死亡。可是人类胚胎在授精后要发育 5 天左右才能形成胚泡。

不能制造人类胚泡，汤姆森一直毫无进展，直到 1996 年 5 月，他发现澳大利亚科学家戴维·加德纳（David Gardner）发明了一种方法，使人类胚胎能够在实验室培养皿中发育足够长的时间形成胚泡。经过不懈的努力，校内试管授精实验室的胚胎学家杰夫·琼斯（Jeff Jones），成功地使加德纳的技术适应汤姆森的需要。1998 年 1 月，汤姆森的实验室采用这种技术培育出第一个人类胚泡。

汤姆森从这个胚泡中取出干细胞开始培养，最初，他采用与培养猴子干细胞同样的方法。对于猴子细胞，工作中最困难的部分是使细胞在培养皿中不断分裂但不分化。事实证明，要达到这个目的最好的方法就是保证每个培养皿中细胞数目较少，当一个培养皿逐渐变得拥挤时就要将一些细胞移到新的培养皿中。汤姆森在那 6 个月里每天都一大早起床，检查他的细胞，视需要移入新的培养皿。

1998 年 11 月 6 日，汤姆森和同事在著名的美国杂志《科学》上发表文章，宣布他们已经让人类干细胞在培养皿中持续分裂而不分化长达 5 个月，并确定 5 条独立的细胞系。

每个细胞系的所有细胞都是同一个前体细胞的后代，所以含有完全相同的基因。4 天后，巴尔的摩市（Baltimore）约翰·霍普金斯大学的约翰·吉尔哈特（John Gearhart）宣布他由原始生殖细胞（精子和卵子的前体）培育出胚胎干细胞，其中原始生殖细胞来源于因医学原因流产的人类胎儿。

媒体风暴

汤姆森公布实验结果的时间，仅仅在威尔默特的克隆羊消息披露一

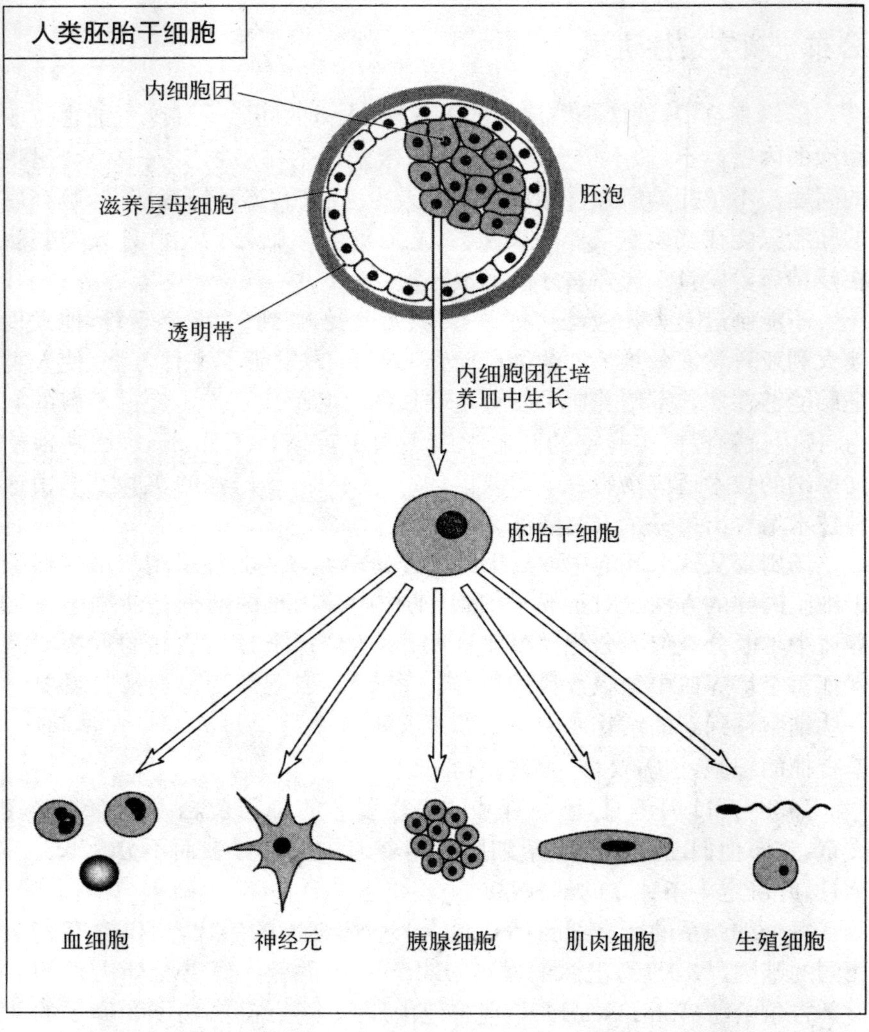

为了制造人类胚胎干细胞，汤姆森使用不孕症诊所中试管授精然后冷冻保存的胚胎。如果父母用不上这些胚胎，它们最终会被丢弃。汤姆森让这些胚胎在培养皿中发育，直至形成一个名为胚泡的中空的球。他从胚泡的内壁中取出干细胞，让这些干细胞在培育皿中继续生长。这些细胞可以被保存在一种未分化（未成熟）状态，也可以形成各种成熟细胞，例如血细胞、神经细胞和肌肉细胞。

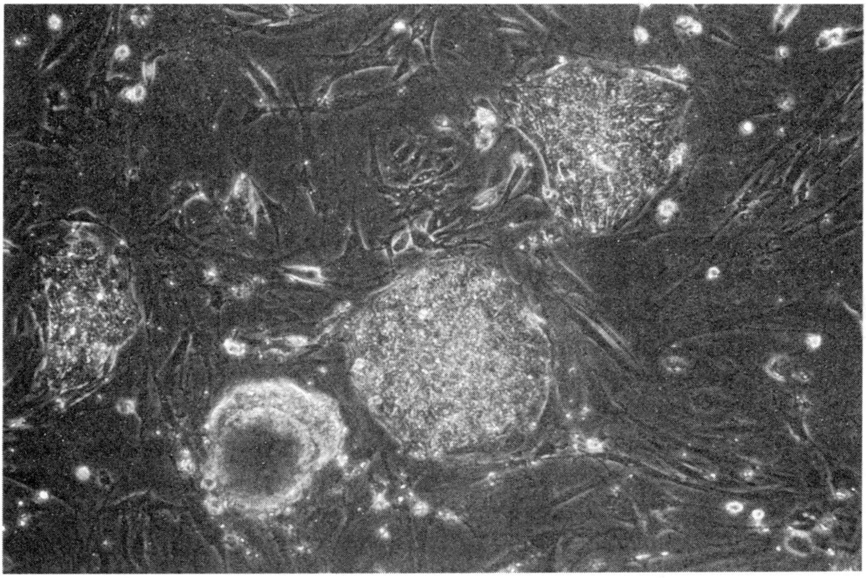

这张显微照片展示在培养皿中生长的人类胚胎干细胞，放大了10倍。圆形、密集的细胞团就是干细胞群。细胞团之间的长形细胞是一种小白鼠细胞，充当“饲养层”制造营养物质帮助干细胞存活生长。（麦迪逊市威斯康星大学）

年半后，不出所料，掀起了一场论战。许多科学家，包括国家卫生研究所主任瓦穆斯、威斯康星州州长兼乔治·W.布什（George W. Bush）政府的健康与福利部长汤米·汤普森（Tommy Thompson），赞扬汤姆森的工作。威斯康星大学干细胞网站上特里·代弗特（Terry Devitt）的一篇文章中提到，瓦穆斯在汤姆森的研究工作发表不到一个月的时间里，对一位美国参议院议员说，“这项研究有可能革新医学惯例，改善人们的生活质量，延长人们的寿命。”另一方面，“生命权利”组织声称对人类胚胎干细胞的研究是不合法的，因为研究中，为了取得干细胞必须杀死胚胎。

汤姆森对伦理方面的批评大爆发并不意外，虽然一位校内熟人还给他起了个雅号叫“无情的平静”（据帕森说），但是他也感到十分困扰及烦恼，就像多利的诞生被公布后威尔默特遇到的狂热情形一样。汤姆森后来对代弗特抱怨说，自从他的研究受到关注之后，“最初的一两年（分离出人类胚胎干细胞后）几乎全部因为政治活动而浪费了。”

一些支持者的评论也像反对意见那样干扰汤姆森。一些胚胎干细胞研究的热心拥护者暗示，如果研究可以不受限制的进行，治愈糖尿病、老年痴呆症之类病症的方法几年内就能找到。但是，汤姆森认为医生至少在十年内都不可能用到这类治疗手段——如果有一天能用上的话，还需要许多改进才能让干细胞大批量生长，还需要进行许多实验验证干细胞是否真的可以取代那些因病受损的细胞。

总统妥协

2001年，布什总统上任后不久，他发表演说讨论采用人类胚胎的干细胞研究是否可以申请政府资助，试图在看好胚胎干细胞的医学前景和视破坏胚胎为谋杀的两种意见间开辟一条道路。布什总统在2001年8月9日宣布，对已有的64个细胞系的研究可以获得政府资助，但是政府资助不能用于确定新的细胞系，因为确定新谱系需要分解更多的胚胎。就像之前的禁令一样，科学家可以利用私人资助确立新的细胞系或进行其他胚胎研究，前提条件是只能使用不孕症诊所打算丢弃的胚胎。

当时，汤姆森和多数科学家都欢迎布什的决定，因为这至少让部分胚

争论焦点： 胚胎排序

进入21世纪以来，对胚胎干细胞的研究讨论转向人体克隆，因为包括克隆多利羊的伊恩·威尔默特在内的部分科学家，计划用克隆的方式利用人类胚胎繁殖干细胞。威尔默特想利用某些患者的细胞制造胚胎，以达到了解疾病的目的。后来，又有一些研究者提议，把从患者身上提取的健康细胞克隆进可以繁殖生长的胚胎中，再用这些细胞繁殖出可以植入人体的组织器官。因为移植器官必须要和患者的基因一致，才能不被免疫系统破坏，就像从他人身上进行器官移植一样，所以器官移植的受体一定要服药以防止排异反应。

几乎所有的人都反对对人进行克隆，但对用于医学治疗和研究性质的克隆的态度，一直分歧很大。有些人赞成研究性质的克隆，认为这项研究有助于挽救生命；但也有人认为，为了毁灭胚胎而制造胚胎，比摧毁现存的胚胎更令人不齿。这个问题的讨论至今仍停止在理论层面上，因为到目前为止，还没有人在实验室中克隆出人体胚胎。

胎干细胞研究可以继续进行。威斯康星校友研究基金会的常务董事卡尔·古尔布兰德森(Carl Gulbrandsen)告诉代弗特，“很多人不喜欢(布什的政策)，但这是一个聪明的政治解决办法。”

科学成果： 脐带血存储

胚胎干细胞还不能用于治疗，但是某些成熟干细胞已经可以了。举个例子，骨髓中的干细胞制造血液里所有的细胞，几种因骨髓中干细胞缺陷造成的危及生命的血液疾病可以通过骨髓移植治疗。医生首先用药物或放射线杀死不正常的骨髓细胞，然后注入捐献者提供的健康骨髓细胞。如果一切顺利，移植的骨髓干细胞会重建患者的血液和免疫系统。不过，要使骨髓移植成功，移植的骨髓必须来自近亲，或者捐献人碰巧与患者的遗传基因十分相似。否则，捐献者骨髓中的免疫系统细胞会攻击接受捐献者的身体。

用患者存储起来的自体健康干细胞移植比移植亲戚的骨髓成功率更大。因此，一些父母会保存新生儿的脐带(即连接未出生胎儿和母亲子宫的一段血管)。脐带会与婴儿一起离开母体，可以冷冻起来存储在专门开展这项业务的公司，如果孩子需要骨髓移植，脐带血就可以派上用场了。

脐带血也有可能挽救他人的生命。研究表明非亲缘关系的脐带血移植与骨髓移植相比较少出现免疫排斥。截至2004年，已经有数千人接受自己或他人的脐带血移植。美国国会也建议立法设立收集、保存和分配移植用脐带血的联网机构，就像美国器官分配网络(United Network for Organ Sharing)现在处理心脏、肺和其他器官那样。

不过最近，依靠政府资助的科学家正抗议被限制在陈旧的细胞谱线上，因为新确定的细胞系似乎对治疗人类疾病更安全更有效。

创造新的细胞类型

汤姆森继续研究人类胚胎干细胞。他和丹·考夫曼(Dan Kaufman)在2001年底宣布通过将干细胞与小白鼠的造血细胞一起培养，得到多种血细胞。不久后，威斯康星大学的其他研究人员用人类胚胎干细胞制造出神经细胞和心肌细胞的前体。汤姆森的科研小组还学会了如何改变胚胎干细胞的基因，以使这类细胞充当人类疾病的实验模型。2004年，汤姆森将研究重点放在找出人类和非人类灵长类胚胎干细胞如何“决定”是否制造更多干细胞、是否制造分化细胞或是否走向死亡。

不久前，汤姆森告诉记者，他希望看到人类胚胎干细胞用于药物测试，详细揭示正常发育如何进行。他的长期目标是找出有效途径大批量培育干细胞，并培育在医学研究中有用的特种细胞，找出移植胚胎干细胞治疗人类疾病的方法。

汤姆森现在是威斯康星大学麦迪逊医学院约翰·D.麦克阿瑟(John D. McArthur)解剖学教授、灵长类中心首席病理学家和维塞尔研究所(Wicell Research Institute)科学理事。这个研究所是威斯康星毕业生研究基金会1991年成立的非赢利性组织，用以支持校内的胚胎干细胞研究，为其他实验室分配胚胎干细胞，培训研究人员如何处理细胞。汤姆森获得不少奖项，包括1999年的美国成就学会的金盘奖(Golden Plate Award)、2002年的洛伊斯·蒲柏国际生命研究奖(Lois Pope LIFE International Research Award)，还有2003年的克里斯托弗·哥伦布研究员基金会的弗兰克·安南奇奥奖(Frank Annunzio Award)。2003年，威斯康星大学主管科研政策的副校长R.蒂莫西·莫克利(R. Timothy Mulcahy)对代弗特说：“汤姆森的发现把这个领域(干细胞)提升到以往想象不到的高度，并使这个领域中他人长期梦想的各种未来展望都变得触手可及。”

生平年表

20世纪50年代初	研究人员怀疑早期的胚胎和一些成熟组织含有干细胞，干细胞可以制造许多不同种类的细胞
1958年	12月20日，汤姆森生于芝加哥
1960年	迈克库鲁奇和蒂尔在成年小白鼠中鉴别出造血干细胞
1974年	格林和莱茵瓦尔德从一个新生儿身上取出成熟皮肤干细胞并培养成功

1981 年	埃文斯和考夫曼从小白鼠胚胎中分离出干细胞，并在实验室中培养
1988 年	汤姆森获得宾夕法尼亚大学博士学位
1991 年	6 月，汤姆森在威斯康星地区灵长类研究中心工作，在猴子的胚胎中寻找干细胞
1995 年	8 月，汤姆森宣布从恒河猴的胚胎中分离出干细胞，并使这些细胞在培养皿中生长两年而没有分化 几天后，赫洛公司的韦斯特拜访汤姆森，并表示愿意为分离人类干细胞项目提供科研经费 年底，深入思考伦理问题、获得其余资金和威斯康星大学的批准后，汤姆森开始寻找人类胚胎干细胞
1996 年	5 月，汤姆森了解到一种技术可以使人类胚胎干细胞在实验室中存活足够长的时间形成胚泡
1998 年	1 月，汤姆森实验室用不孕症诊所提供的胚胎培育出第一个胚泡 11 月 6 日，汤姆森在《科学》杂志上发表文章，宣布他的实验室已经培育人类胚胎干细胞 5 个月没有分化
2001 年	8 月 9 日，美国总统颁布新规定，对已有的人类胚胎干细胞系的研究可以获得政府资助，但创造新细胞系或利用新细胞系的研究不能获得资助
2003 年	汤姆森获得克里斯托弗·哥伦布研究员基金会的弗兰克·安南奇奥奖

扩展阅读

图书：

安·B. 帕森(Parson，Ann B.)，《普罗特斯效应》(The Proteus Effect)。华盛顿：约瑟夫·亨利出版社，2004 年。记录干细胞研究的发展，包括汤姆森的工作。

文章：

特里·代弗特(Devitt，Terry)，《五年后，干细胞仍让人干着急》(Five Years Later, Stem Cells Still Tantalize)。在线阅读。URL：http://www.news.wisc.edu/packages/stemcells/retro.html。2004年12月1日访问。记录自1998年汤姆森首次分离并培养人类胚胎干细胞后5年间，麦迪逊市威斯康星大学的胚胎干细胞研究进展。

弗雷德里克·戈尔登(Golden，Frederic)，《上发条的手表》(Stem Winder)，《时代》，2001年8月20日，第32—34页。汤姆森的采访，报道他的工作，写于布什颁布新的胚胎干细胞研究条例后不久。

埃丽奥特·马歇尔(Marshall，Eliot)，《一个万能细胞系引发的科学希望和法律问题》(A Versatile Cell Line Raises Scientific Hopes，Legal Questions)。《科学》，1998年11月6日，第1014页。这篇文章与汤姆森培养人类胚胎干细胞的论文发表在同一期杂志中，讨论汤姆森的研究所涉及的医学、伦理和法律问题。

詹姆斯·A. 汤姆森(Thomson，James A.)等，《取自人类胚泡的胚胎干细胞系》(Embryonic Stem Cell Lines Derived from Human Blastocysts)。《科学》，1998年11月6日，第1145页。科学论文，宣布人类胚胎干细胞已经分离成功，并在培养皿中生长了5个月而没有分化。

同上，《分离灵长类胚胎干细胞系》(Isolation of Primate Embryonic Stem Cell Line)《美国国家科学院学报》(Proceedings of the National Academy of Sciences)。1995年8月15日，第7844—7848页。科学论文，记录首次分离灵长类动物(恒河猴)的胚胎干细胞。

《詹姆斯·A. 汤姆森》(Thomson，James A.)，《当代人物传记年鉴(2001)》，第550—553页。纽约：H. W. 威尔逊公司，2001年。汤姆森简略的传记，记录他的工作，包括采访节选。

网站：

麦迪逊威斯康星大学研究：胚胎干细胞(Embryonic Stem Cells：Research at the University of Wisconsin，Madison)，这个网址由威斯康星大学主办，提供汤姆森等人在胚胎干细胞研究方面的背景知识和最新消息。包含胚胎干细胞在培养皿中生长的照片和短片。http://www.news.wisc.edu/packages/stemcells。2004年12月1日访问。

9 拯救眼睛的大米

——因戈·伯特利科斯与金水稻

每年，发展中国家有50万儿童失明，100万儿童因感染死亡，造成这些悲剧的主要原因是他们的饮食中缺少一种人体必需的营养物质：维生素A。两个在德国出生的科学家，一个在瑞士工作另一个在德国工作，1999年宣布发明了一种方法，给需要维生素A的人提供富含维A的饮食。不幸的是，他们的辛勤工作换来的奖励却是身陷生物技术公司和反对者的拔河比赛，某些公司大肆宣扬他们的工作是医治营养不良的万灵丹，而某些组织则认为基因工程技术，尤其是转基因食物，是人类健康和生存环境潜在的威胁。

饥饿的印象

实验小组的主要科学家之一因戈·伯特利科斯(Ingo Potrykus)，实在是太清楚饥饿是什么滋味了。伯特利科斯1933年12月5日生于德国希施堡(Hirschberg)，在第二次世界大战中长大。他的父亲是一名医生，在战争接近尾声时不幸遇难，德国投降后，伯特利科斯和兄弟们"不得不乞讨，偷窃和骗取食物"，《纽约时报》记者乔恩·克里斯滕森(Jon Christensen)在2000年11月21日发表的一篇采访伯特利科斯的文章中引用他的话。

可能正是这痛苦的经历启发伯特利科斯研究食用植物。在科隆大学学习生物学后，1968年他获得位于德国科隆市(Cologne)马克·普朗克植物繁殖研究所植物遗传学博士学位。(译者注：德国的马克·普朗克研究所系统类似中国科学院系统，简称马普所。）他在霍恩海姆大学工作了几年之后，在20世纪70年代中期，在位于拉登堡/海德堡的马普所植物遗传学研究所建立一个小型实验室。1976年，他调动到一个较大的实验室——瑞士巴塞尔（Basel）的费德瑞克·曼斯彻研究所（Friedrich Miescher Institute），这个实验室包括3个研究小组。接着在1982年，他获得了更高一级的植物学“特许任教资格”（译者注：特许任教资格不是学位，这是德国等国家专为博士而设的资格考试，通过该考试的博士拥有在高校任教的资格，具备了成为教授的基本条件）。

伯特利科斯开发出一种转基因大米，支持者称这是发展中国家对抗常见营养不良的法宝，批评者称生物技术公司从中获得的好处比穷人们多。（伯特利科斯）

随后，伯特利科斯加入位于苏黎世的瑞士联邦理工学院（ETHZ），并在那里度过他职业生涯的其余时间，1986年晋升为正教授。在这个大组织里他和其他教授建立了一个新的分支，植物科学研究所，致力于利用基因工程技术增加发展中国家的食物供应（第一种转基因植物1982年诞生）。

维生素缺乏

伯特利科斯的实验室开始研究如何改变水稻的基因，1990年前后，水稻是世界上40%人口的主食。营养不良会使世界上那么多穷困人口寿命缩短，健康受损，主要由大米构成的饮食是造成营养不良的一个主要原因，因为人们爱吃的白米没有什么营养。白米经过脱壳或抛光，以去除谷粒外层棕色的麸皮，仅仅留下富含淀粉的胚乳部分。伯特利科斯希望他们能够通过基因工程增加胚乳部分的营养物质，改造后的谷粒能改善亚洲等以大米为主食的地区人们的营养不良状况。

维生素A是健康的眼睛、皮肤和免疫系统必需的，是白米缺少的营养物质之一。绿叶蔬菜和某些食物含有这种维生素或在体内可以转变成

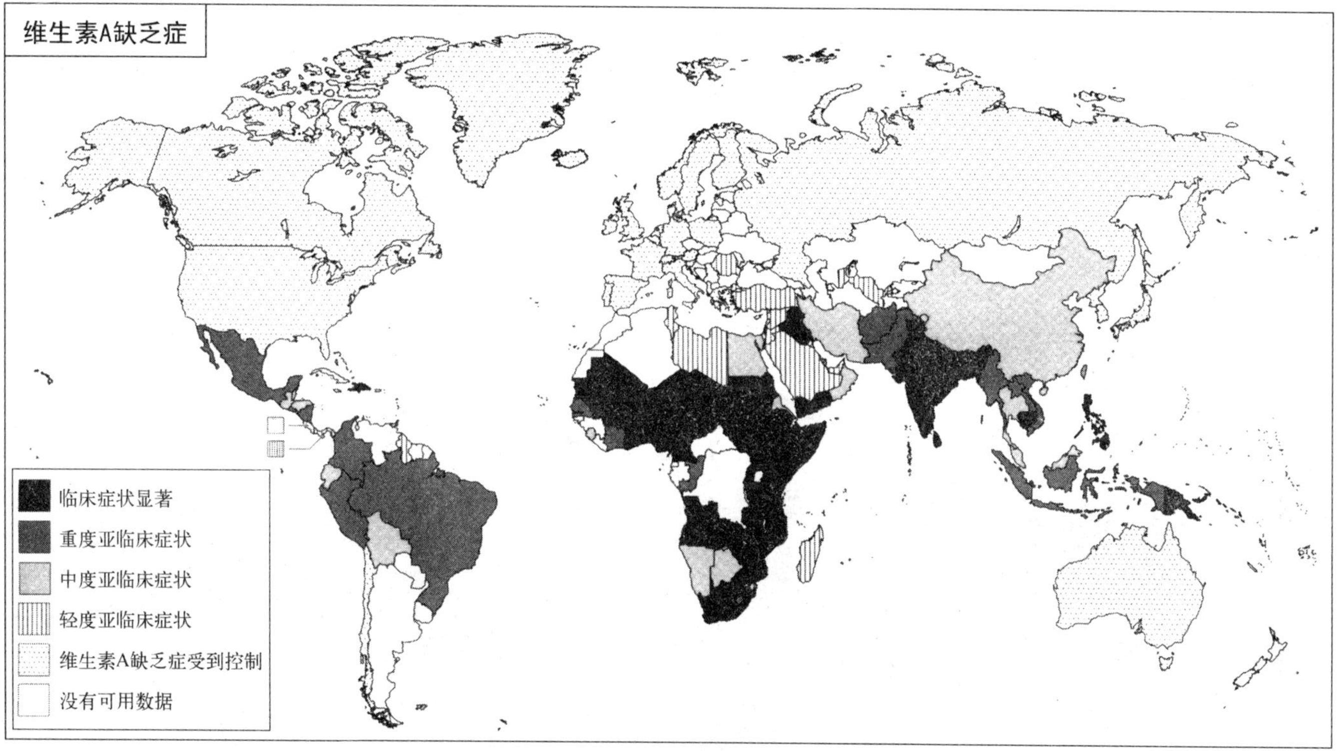

缺乏维生素 A，会造成失明并使儿童更容易受到感染，常见于许多发展中国家和部分发达国家。这张地图显示，2000 年前后世界各个地区维生素 A 缺乏症的情况。

维生素 A 的物质，而饮食中缺少这些食物的人就会缺乏维生素 A。世界卫生组织估计全世界有 4 亿人缺乏维生素 A，包括 1.24 亿儿童，因为缺乏维生素 A 会导致儿童更容易受到感染，所以每年有 100 多万儿童的夭折与之相关。这种营养不良也是发展中国家儿童可预防型失明的主要发病原因，每年造成 50 万儿童致盲。

美国一个大型慈善组织洛克菲勒基金会有一个项目支持对水稻的生物技术研究，基金会食品安全主任加里·托恩尼尔森（Gary Toenniessen）同意给伯特利科斯的工作提供部分资助。托恩尼尔森建议伯特利科斯使水稻的胚乳产生一种名为β胡萝卜素的微黄色色素，正是这种色素使胡萝卜和玉米呈黄色，而人体可以将β胡萝卜素转变为维生素 A。

完美的搭档

1992 年，托恩尼尔森邀请伯特利科斯等科学家前往纽约讨论将β胡萝卜素引入水稻的可行性方案。在那次会议上，伯特利科斯遇到另一位德国科学家弗赖堡大学的彼得·拜尔（Peter Beyer），他正研究如何从黄水仙中分离出制造β胡萝卜素的基因。伯特利科斯在 2000 年 10 月号的《农业生物学观察》（AgBioView）中说拜尔是他自身研究工作的“完美的搭档”。两人决定合作将拜尔发现的黄水仙基因用在伯特利科斯的水稻上，托恩尼尔森表示会支持他们的项目。

这个计划看起来着实令人生畏。水稻的胚乳需要制造 3 种新的蛋白质才能产生β胡萝卜素，这意味着需要引入 3 个新基因而且这 3 个基因都能正常工作。将一个基因插入某种植物中再使这个基因正常工作已经是一件十分困难的事情。伯特利科斯在《农业生物学观察》中写道，包括拜尔在内的洛克菲勒专家们几乎没人相信有希望引入 3 个基因。只有伯特利科斯本人对自己“简单的设计思想”充满“天真无知”，一直相信这能成功。

自 1997 年这个项目开始后，7 年时间里，喜欢唱反调的人似乎总是对的。拜尔的小组分离出必需的基因——两个来自黄水仙一个来自一种细菌，但是伯特利科斯实验室将基因加入水稻基因组的尝试不断失败。终于，在 1998 年，伯特利科斯实验室的一个新从事博士后工作的叶旭东（音译：Xudong Ye）想出了一种新办法。类似以往研究人员将基因插入病毒再用病毒将基因转移到动物细胞中的方法，叶旭东将 3 个β胡萝卜素基因和启动区 DNA 序列插入一种感染植物的细菌中，其中启动区能激活基因。这种细菌叫根癌土壤杆菌，在此之前已经用于其他植物转基因实验，但是在将功能性基因放入水稻等谷类植物中很少成功。不过，叶旭东成功了。

遗传学大突破

伯特利科斯 1998 年底将叶旭东培养的一些植株交给拜尔，1999 年 2 月的一个夜晚，拜尔将这些植物的谷粒放入脱壳机中脱去麸皮。当他从脱壳机中取出米粒时，惊喜地发现米粒不是常规的白色，而显出淡淡的黄色。化学分析证实米粒的胚乳中含有 β 胡萝卜素，拜尔发电子邮件告诉伯特利科斯实验成功了。

1999 年 3 月 31 日，在伯特利科斯以 65 岁高龄从瑞士研究所退休时的荣誉座谈会上，叶旭东正式公布他的工作。伯特利科斯在《农业生物学观察》中说叶旭东的工作是“一次科学突破”，因为之前从未有过组成完整代谢路径的多重基因编码插入植物。

伯特利科斯和拜尔在一个熟识的泰国商人建议下，将他们的新作物命名为“金水稻”。他们写好文章送给欧洲最著名的科学期刊《自然》。在论文原稿的首页，伯特利科斯指出开发这种植物的重要意义大于科学原因。关于食品中转基因生物(GMO)的价值和潜在危险，全世界展开一场激烈争论，伯特利科斯说，金水稻是“GMO 技术及时的、重要的、富有积极意义的成就”。不过，《自然》拒绝发表他们的文章。“我们得到一种印象，《自然》对质疑而不是支持遗传工程技术价值的事例更感兴趣，”伯特利科斯在《农业生物学观察》中抱怨。

增长迅速的产业

在 20 世纪 90 年代末，伯特利科斯和拜尔正埋头工作时，农业生物技术已经从一门实验科学变成一项主要产业。1996 年，转基因农作物首次在美国商业种植时只种植了 400 万英亩，而到 1998 年，这个数字上升了 10 倍。1999 年，伯特利科斯实验室准备发表金水稻工作成果时，在 50 多种转基因农作物中，至少有 24 种是食用农作物，已经允许在美国出售。全世界范围内，种植了 1 亿英亩这类作物，全世界大豆产量的一半和玉米

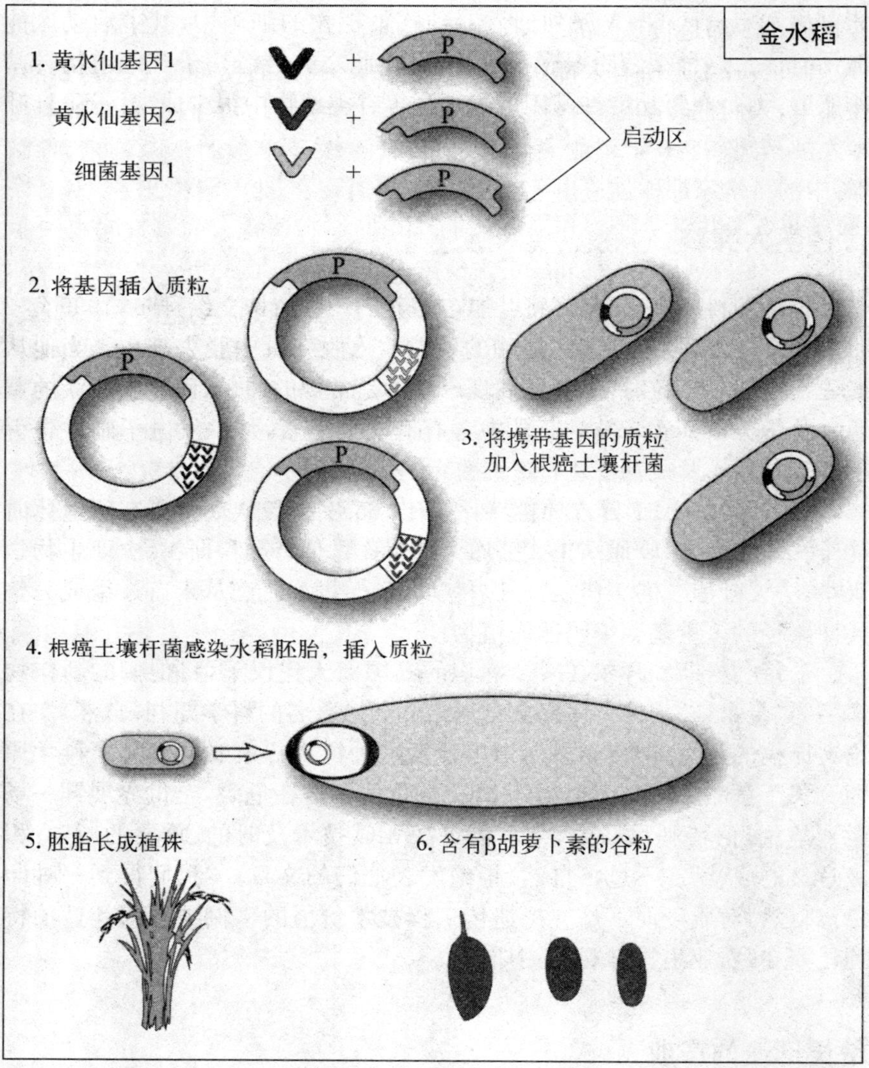

为了制成金水稻，伯特利科斯和拜尔的研究小组从黄水仙中分离出两个基因，再从细菌中分离出一个基因，这3个基因组合在一起才可能产生β胡萝卜素。然后，他们给这些基因加上启动区（使基因起作用的DNA片段）（步骤1）。科学家将基因—启动区组合物插入质粒，质粒是细菌中环形的基因组合物（步骤2）。他们将质粒放入一种感染植物的细菌根癌土壤杆菌中（步骤3）。当细菌感染水稻胚胎（种子）时，细菌将β胡萝卜素基因插入植物细胞（步骤4）。种子长成水稻植株。因为这些植株的谷粒携带附加的基因，所以这些谷粒能产生β胡萝卜素（步骤5）。

产量的1/3都是转基因的。

但是，并不是所有人都欢迎转基因作物。欧洲的反对意见尤为强烈，在那里，人们把转基因食物称为弗兰肯斯坦食物，因为人们担心转基因技术人员，会像1818年玛丽·雪莱(Mary Shelley)出版的小说《弗兰肯斯坦》中的科学家那样创造出危险的怪物(译者注：《弗兰肯斯坦》一书又译《科学怪人》，讲述一个青年科学家弗兰肯斯坦利用死人的器官和组织拼凑出了一个巨人，一次意外的雷击使巨人获得了生命，可惜天性善良的巨人因面貌丑陋难容于世，巨人在痛苦中性情大变四处作恶，最后，弗兰肯斯坦在追捕怪物的过程中与之同归于尽)。包括绿色和平组织、忧思科学家联盟(the Union of Concerned Scientists)和杰里米·里夫金经济趋势基金会在内的多个组织警告说，转基因作物可能带来环境威胁，因为这些作物的附加基因可能通过风媒传粉影响野生植物。这些组织还声称，转基因食物也有可能损害人体健康，例如人们对这类食物过敏。有些反对者甚至将试验田中的转基因作物连根拔起，就像1987年第一种转基因生物进行户外实验时的情形，当时实验的是一种喷洒在植物上的细菌。因为担心受到类似袭击，伯特利科斯小组将金水稻的后期实验安排在苏黎世郊区的一间温室里，这间温室甚至可以抵御手榴弹袭击。

未来趋势：　农业生物技术的成长

在美国及世界其他地区，某些转基因作物已经十分常见。例如，目前美国种植的大多数大豆和棉花都是经过基因改造的。下列数字显示近年来美国栽种的几种常见转基因作物的增长。

年　份	转基因大豆的百分比	转基因棉花的百分比	转基因玉米的百分比
2001	68%	69%	26%
2002	75%	71%	34%
2003	81%	73%	40%
2004	85%	76%	45%

儿童的救星还是傻子的金子？

圣路易斯(St. Louis)密苏里植物园的彼得·雷文(Peter Raven)听

说了伯特利科斯和叶旭东的工作，印象深刻。1999 年 8 月，雷文安排伯特利科斯在一次国际生物学会议和一次记者招待会上介绍金水稻。他还敦促伯特利科斯小组尽快将金水稻的论文提交给著名美国科学杂志《科学》。

《科学》在 2000 年 1 月 14 日发表他们的文章。那期杂志还刊登了一篇评论文章，达特茅斯学院生命科学系玛丽·卢·葛瑞诺（Mary Lou Guerinot）将伯特利科斯小组的工作称为“技术上的绝技”，“农业生物技术可以提供的最好例证”。葛瑞诺还表示希望“放弃短期利益，把这项植物转基因技术用于缓解人类苦难，将能获得政治上的接纳”。

因为欧洲的反对意见阻碍了未来商机，生物技术产业强烈希望“获得政治上的接纳”。实际上，丹尼尔·查理斯（Daniel Charles）在有关农业生物技术发展的《丰收之神》（Lords of the Harvest）一书中写道，“生物技术的支持者将这项革新视为投向落水水手的绳子。”2000 年 7 月 31 日，《时代》将金水稻作为封面报道，这令生物技术公司的主管们更加高兴，声称“这种水稻每年能挽救 100 万个孩子”。大型农业生物技术公司，例如总部设在圣路易斯的孟山都公司采纳了这种讨人喜欢的宣传策略，在他们的电视广告画面中出现微笑的亚洲儿童和泛着金色光泽的稻田。

转基因食品的反对派迅速反攻。2001 年 2 月，绿色和平组织公开抨击金水稻是“傻子的金子”，他们声称，因为这种植物产生的β胡萝卜素含量非常少，以至于一个人每天要食用 9 公斤（20 磅）煮熟的米饭才能达到推荐的每日摄入维生素 A 量的最小值。这个组织称，通常每人每日需要食用米饭 300 克（0.7 磅），只能提供每日所需量的 8%。绿色和平组织还指出，人体只有在饮食中同时含有油脂的情况下才能将β胡萝卜素转化为维生素 A，但是许多贫困人口的饮食中并没有油脂。

印度活动家范黛娜·席瓦（Vandana Shiva）是转基因作物的反对者，她认为，对金水稻的关注掩盖了对抗维生素 A 缺乏症简单有效并且已经采用的方式，例如分发维生素补充剂，鼓励人们种植和食用含有维生素 A 或含有在人体内可以转化成维生素 A 的物质的蔬菜和水果。问题的关键是，席瓦等批评者认为，金水稻或其他企图用高科技解决世界饥饿问题的人，忽视了造成饥饿的真正原因，评论员们认为，真正的原因是贫困、战争、缺少土地、没有途径获得丰富营养的饮食。他们警告说，增加食物的质量和数量并不能解决这些问题。有的批评者甚至认为，金水稻真正的目的是为生物技术公司提供正面宣传效果，劝说人们接受转基因食物。

相关发明：　抗霜冻细菌被冻结的实验

在冬季，当霜（冰晶体）在植物叶片上形成时，植物会严重受损。农夫通过覆盖作物或给作物加温阻止霜冻，例如橙子树，但是这种方法并不总是有效的。在20世纪70年代，霜冻给美国农场主造成的农作物损失每年高达15亿美元。

1975年，加州大学伯克利分校的一位植物病理学家（研究植物疾病的科学家）史蒂文·林道（Steven Lindow）发现，一种常见细菌假单孢菌表面的一种蛋白质有助于冰结晶在叶片表面形成。他还发现，这种细菌的一个变异品种缺少促进结冰蛋白质的基因。林道觉得，如果能够制造更多这种"减冰"细菌，再将它们散布在植物上，这些变种细菌可能可以暂时超过正常细菌，保护植物不受霜冻。

林道和同事利用基因工程技术去掉正常假单孢菌的冰核基因。得到的减冰核细菌在温室实验中效果良好，所以，1982年，林道向重组DNA顾问委员会（Recombinant DNA Advisory Committee RAC）申请在户外测试基因改造细菌。如果获得批准，林道的实验将是首次向环境中释放转基因生物。

经济趋势基金会主席里夫金自基因工程兴起时就是坚定的反对者，听说了这项实验申请，于是召集志同道合的人，包括一些环保组织和科学家，反对进行实验。这些组织担心释放到环境中的转基因细菌会取代正常形式的假单孢菌，破坏生态平衡。《加利福尼亚杂志》（California Magazine）1984年发表了一篇保罗·施奥迪（Paul Ciotti）的文章，文中提到里夫金把那些实验称为"生态轮盘赌"。

里夫金等人提出的法律诉讼将林道的实验拖延了5年，但是重组DNA顾问委员会最终还是批准实验。1987年春，就在实验开始前不久，反对者闯入试验田将试验用的草莓和西红柿连根拔起。林道和同事只好重新栽种，继续实验。实验结果显示，转基因细菌确实有效保护作物不受霜冻，细菌也没有扩散到试验田外。

风暴中心

就像前面提到的威尔默特和汤姆森，伯特利科斯也发现自己处于媒体风暴的中心。绿色和平组织和其他组织有时对他进行人身攻击，声称他就是一个上了生物技术工业当的人，自己也许不知道。作为回应，伯特利科斯在2001年3月《植物生理学》(Plant Physiology)上发表文章为金水稻辩护，“在我看来，绿色和平组织的所作所为只有一个真正的目的：通过媒体效应募集更多资金。”他认为，绿色和平组织之类的组织正拒绝一种极具潜在价值的技术，而这些组织正是最需要这种技术的人，他们应该“为每年数百万可以预知的死亡和失明的贫困人口负责”。同时，伯特利科斯告诉丹麦记者基特·迈耶(Gitte Meyer)，“我不想成为(生物技术)公司公关活动的一部分。”他批评生物技术的拥护者暗示金水稻已经可以向全球推广，他自己知道这不是实际情况。

伯特利科斯也试着回答反对者的批评意见。他承认金水稻(至少现在的这个品种)只能提供维生素A每日推荐摄取量的一小部分。不过，他说，这一部分对失明和免疫缺陷来说已经是足够的了。他还进一步指出，他从未说过金水稻将是或者应该是人们获取维生素A的唯一来源，更不认为金水稻是营养不良的完整解决方案。

金合约

受到环保组织的攻击还不是伯特利科斯唯一的困扰。研究一开始，他和提供研究经费的政府和私人慈善基金(包括瑞士政府、美国国家科学基金会、欧盟和洛克菲勒基金会)就希望将金水稻免费提供给需要的贫苦人口，但是他发现这个决定可能不由他说了算。洛克菲勒基金会委托的一项专利搜索显示，金水稻涉及70项不同的专利(基因、生产过程等等)，分别属于32家不同公司和大学，涵盖从事农业生物技术的所有大型跨国公司。并不是所有专利持有者都愿意将自己的技术免费提供给人道主义用途。

伯特利科斯和拜尔得出结论，仅凭他们两个人无法处理这样复杂的法律状况。所以，他们觉得他们“迫切需要一个强而有力的搭档”为他们谈判协商，伯特利科斯在《植物生理学》中写道。他们委托一家德国小公司格林诺威逊(Greenovation)牵线搭桥，这家公司给他们联系了捷利康(Zeneca)，英国最大的制药公司阿斯利康(AstraZeneca)的农业部门。

根据伯特利科斯小组与捷利康2000年5月达成的协议，公司有权向发达国家，例如美国和日本，出售金水稻。另一方面，捷利康承诺向在种植出售水稻中获利1万美元以下的所有农民免费提供金水稻种子。捷利康也同意从其他专利所有者处获得必需的专利使用权，进行政府批准金水稻种植所需的环境和健康安全测试，同意伯特利科斯和拜尔将金水稻或其他携带同样插入基因的植物送给非赢利性研究所，以便他们进一步培育或与本地品种杂交。在捷利康的协助下，伯特利科斯和拜尔建立了金水稻人道主义理事会，监督金水稻的进一步研究和谷物的最终分配。

考虑金水稻本身的价值，人们对伯特利科斯与捷利康的安排意见不一。有人认为，这是将来科学家与生物技术公司之间和谐统一的美好蓝图。另一方面，一个反对转基因生物的组织遗传资源国际行动（GRAIN Genetic Resource Action International）2001年2月写道，“与阿斯利康的交易……不但出卖了10年公共资助的研究成果，而且——更重要的是——这加强了北半球（发达国家）在全世界的专利霸权。”

测试起步中

伯特利科斯清楚地知道，即使没人诋毁金水稻，他的发明也远远未能推广至全世界。金水稻还没有大量种植或在室外实验，所以没人知道它在农田里耐受性如何。虽然伯特利科斯认为，这种作物既不会破坏环境也不会损害人体健康，他知道还需要多年实验证实这种大米是安全的。

2001年1月开始，伯特利科斯的金水稻理事会与国际水稻研究所合作，在菲律宾、印度、中国、印度尼西亚等13个研究所进行实验。金水稻属于一种不能在热带气候里生长良好的品种，但是许多发展中国家都位于热带，所以研究所将金水稻与其他品种杂交，使其更适应当地需要。美国的第一片试验田在2004年9月收割，这种水稻的商业产品预计将会从2009年开始在印度出售。

自从伯特利科斯从瑞士联邦理工学院退休后，他的大部分时间都用于向公众解释金水稻的好处，并监督它的测试和分配。他因此获得几个奖项，包括锦湖植物分子生物学和生物技术国际科学奖（2000年）、欧洲文化科学奖、美国植物生物家领导学会科学公共服务奖（2001年）。

与此同时，拜尔等人正尝试增加水稻的β胡萝卜素含量，并加入其他营养物质，例如许多贫困人口饮食中缺乏的铁。2005年初，先正达公司宣布开发出一种新的金水稻，其β胡萝卜素含量比原来的水稻品种高23

倍。而且，研究人员也尝试将β胡萝卜素加入发展中国家贫困人口经常食用的其他作物中，包括大麦、木薯、甜薯和香蕉。

争论焦点： **生物专利**

1793年，美国国会通过一项法令规定“任何新的有用的技艺(技艺一词1952年变更为工艺)、机械、加工制造或物质组成”可以获得专利权。专利权授予发明人使用发明和在一定期限内出售发明专有权的权利。美国最高法院在1980年规定，经过人工改造的生物可以获得专利权。第一项基因改造植物专利在1985年颁发。批评者认为，允许以生物申请专利授予生物技术公司太多的权利，但是公司宣称专利保护对他们来说是必需的，这样才能收回开发有益人类的基因工程生物高昂的成本。

关于金水稻的相关专利，伯特利科斯真可谓一言难尽。2000年10月23日，他在《农业生物学观察》中写道：

> *我认为这是不能接受的，甚至是不道德的，一项成果，基于公共研究所，仅仅使用公共资金，为人道主义目的设计，却在那些只是足够早申请专利授权的人手中……这样，无论公共研究在做什么，到时都在产业界(或某些大学)手中。那时(当他发现专利会限制金水稻分发时)，我很想加入那些反专利激进分子的行列。*

不过，在仔细考虑后，伯特利科斯重新表达他的想法：

> *我……意识到金水稻的发展可能只是一种可能，因为有专利存在。我采用的技术大部分都广为人知，因为发明者想保护他们自己的权利。其实大多数技术本应是保密的(没有专利，译者注：如申请专利，则必须公开相关技术)……如果我们想用所有的知识帮助穷人，与专利做斗争毫无意义。为明智地使用智力财产权而战有意义得多。*

没人知道金水稻或其他转基因作物有多少用处，时间将会证明一切。绿色和平组织和席瓦之类的批评家的观点肯定是正确的，营养不良的问题太复杂，不能仅凭技术解决，更别说仅仅一项发明了。但是，除非这种作物会造成一些不可预见的危险，伯特利科斯和支持者认为，金水稻肯定可以作出它力所能及的贡献。

生平年表

1933 年	12 月 5 日，伯特利科斯生于德国希施堡
1968 年	伯特利科斯获得德国马克·普朗克研究所植物繁殖研究方面的博士学位
1976 年	伯特利科斯加入瑞士巴塞尔的费德瑞克·曼斯彻研究所
1982 年	伯特利科斯获得巴塞尔大学植物学特许任教资格 第一种转基因植物诞生
1986 年	伯特利科斯加入位于苏黎世的瑞士联邦理工学院，参与创建植物科学研究所
1990 年	波特兰里库斯实验室开始研发转基因水稻 洛克菲勒基金会同意向伯特利科斯提供部分资助
1992 年	伯特利科斯在洛克菲勒座谈会上遇见弗赖堡大学的拜尔，并决定合作
1993 年	伯特利科斯和拜尔开始将多个制造维生素 A 前体 β 胡萝卜素的基因插入水稻
1998 年	叶旭东利用细菌将 3 个基因插入水稻，使谷粒的胚乳能够制造 β 胡萝卜素
1999 年	3 月 31 日，叶旭东宣布水稻实验成功，伯特利科斯从瑞士联邦理工学院退休 8 月，伯特利科斯在一次国际植物学会议和一次记者招待会上介绍金水稻

2000 年	1 月 14 日,《科学》杂志刊登金水稻的科学论文 5 月,伯特利科斯和拜尔将金水稻专利使用权转让给英国农业生物技术公司捷利康 7 月 31 日,金水稻出现在《时代》杂志的封面故事中
2001 年	1 月,国际水稻研究所开始在菲律宾实验金水稻 2 月,绿色和平组织宣称金水稻是“傻子的金子”
2004 年	9 月,美国首批金水稻试验田收获
2005 年	β 胡萝卜素含量比原来水稻高 23 倍的金水稻新品种问世

扩展阅读

图书:

丹尼尔·查理斯(Charles, Daniel),《丰收之神:生物技术、大笔的钱和未来食物》(Lords of the Harvest: Biotech, Big Money, and the Future of Food),马萨诸塞州,剑桥:珀尔修斯书屋(Perseus Books),2002 年。记录农作物基因工程的发展,着重突出大型跨国公司的作用,特别是孟山都公司。

彼得·普林格尔(Pringle, Peter),《食品公司:从孟德尔到孟山都公司——生物技术大丰收的前景与风险》(Food, Inc.: Mendel to Monsanto — The Promises and Perils of the Biotech Harvest),纽约:西蒙和舒斯特出版社,2003 年。讲述农业生物技术的历史和价值,其中一章主要介绍金水稻。

文章:

乔恩·克里斯滕森(Christensen, Jon),《防手榴弹温室中的金水稻》(Golden Rice in a Grenade-Proof Greenhouse),《纽约时报》,2000 年 11 月 21 日,D1、F1 页。伯特利科斯的概述,提供他的工作的相关背景。

保罗·施奥迪(Ciotti, Paul),《从巨大马铃薯威胁中拯救人类》(Saving Mankind from the Great Potato Menace),《加利福尼亚杂志》(California Magazine),1984 年 10 月,第 97—98 页。记录林道申请实验“减冰”细菌时出现抗议活动,那是第一次向环境中释放转基因生物。

《转基因“金水稻”是傻子的金子》(Genetically Engineered “Golden Rice” Is Fool’s Gold),绿色和平组织。2001 年 2 月 9 日张贴,在线阅读。网站:http://archive.greenpeace.org/pressreleases/geneng/2001fed9.html。2006 年 5 月 4 日访问。解释绿色和平组织为什么认为金水稻对维生素 A 缺乏症不会有什么效果。

《谷粒的错觉：从实际出发审视金水稻》(Grains of Delusion：Golden Rice Seen from the Ground)，GRAIN(遗传资源国际行动)，2001 年 2 月发布。在线阅读。网站：http://www.grain.org/briefings/?id=18。2006 年 5 月 4 日访问。详细批评了金水稻的价值及发明人的动机。

玛丽·卢·葛瑞诺(Guerinot，Mary Lou)，《绿色革命邂逅黄金》(The Green Revolution Strikes Gold)，《科学》，2000 年 1 月 14 日，第 241 页。赞扬金水稻的评论文章，与介绍金水稻的诞生的科学论文一同发表。

《因戈·伯特利科斯》(Ingo Potrykus)，在线阅读。URL：http://www.gmwatch.org/profile.asp?page=P。2006 年 5 月 4 日访问。对伯特利科斯持批评态度的传记，将他描绘成生物技术产业中企图夸大金水稻对发展中国家价值的主要人物。

基特·迈耶(Meyer，Gitte)，《金水稻的漫漫前路》(A Long Journey Ahead for Golden Rice)，丹麦生物伦理学与风险评估中心，2001 年 6 月张贴。在线阅读。网站：http://www.bioethics.kvl.dk/tekster/gitgolden.PDF。2006 年 5 月 4 日访问。包括与伯特利科斯的谈话结论和与绿色和平组织本尼·哈尔林(Benny Haerlin)的谈话节录。

马德林·J.纳什(Nash，J. Madeleine)，《希望的稻谷》(Grains of Hope)，《时代》2000 年 7 月 31 日，第 14—22 页。这篇文章使公众了解金水稻，强调基因工程作物的优点，也提供了批评者的意见。

因戈·伯特利科斯(Potrykus，Ingo)，《金水稻与未知的彼岸》(Golden Rice and Beyond)，《植物病理学》，125，2001 年 3 月，第 1157—1161 页。解释由农业生物技术和基因工程食品的反对者提出的关于金水稻的意见。

同上。《金水稻的故事》(The "Golden Rice" Tale)，《农业生物学观察》(AgBioView)，2000 年 10 月 2 日。伯特利科斯详细解释金水稻的研究和生产。文中包括一些传记背景，讨论由金水稻引发的社会政治问题和反对意见。有些地方较难懂。

范黛娜·席瓦(Shiva，Vandana)，《基因工程维生素 A 水稻：预防失明的盲目路线》(Genetically Engineered Vitamin "A" Rice：A Blind Approach to Blindness Prevention)，2000 年 2 月 14 日张贴。在线阅读。网站：http://www.biotech-info.net/blind_rice.html。2006 年 5 月 4 日访问。印度社会活动家，基因工程的强硬反对者，说明与金水稻的相关风险，推荐减少维生素 A 缺乏症的其他途径。

叶旭东(Ye，Xudong)等，《设计维他命原 A(β 胡萝卜素)在水稻胚乳(不含类胡萝卜素)中的生物合成路径》(Engineering the Provitamin A ([Beta]-Carotene) Biosynthetic Pathway into (Carotenoid-Free) Rice Endosperm)，《科学》2000 年 1 月 14 日，第 303 页。公布金水稻成果的科学论文。

网站：

AgBioTech InfoNet，内容广泛的网址，包括基因工程在农业上的应用，现有文章中对这项技术的效果和推论，既有持支持态度的文章也有持批评态度的文章。在 http://www.biotech-info.net/golden.html 中可以找到许多攻击和维护金水稻的文章。2004 年 9 月 15 日访问。

10

基因组竞赛

——弗朗西斯·柯林斯、克雷格·文特与人类基因组测序

柯林斯领导国际人类基因组计划,这个计划旨在确定人类全部基因碱基序列。(美国国家人类基因组研究所)

常常有人将人类基因组计划(HGP)与20世纪60年代的首次登月计划相提并论。不过与探索太空中的星体不同,人类基因组计划的目的是深入研究人体,一个一个遗传字母地描绘人类自身的遗传编码蓝图:整个人类基因组的碱基序列。2000年6月26日是一个值得纪念的日子,那一天,全部碱基序列的草图宣告完成,美国总统比尔·克林顿(Bill Clinton)将这份遗传列表称为"人类绘制的最重要的、最惊人的地图"。

就像登月竞赛那样,测定人类基因组序列也是一场竞赛——不是那种国家与国家间,比如说早期在美国与苏联两国间展开的空间竞赛,而是在不同科研小组之间的竞赛。虽然参与其中的许多科学家说媒体夸大了其中的"竞赛"方面,但是基因组测序项目确实成了一种竞争,不仅仅是两组科学家之间的区别,还与资助者和科学风格有关:公共对私人,国内对国际,非赢利性对赢利性的。双方的领导者,弗朗西斯·柯林斯(Francis Collins)和克雷格·文特(Craig Venter)两人本身就是这些差异的例证——不过他们也有许多共同之处,包括某些成功因素。

"大科学"

人类基因组计划在柯林斯和文特参与之前很久就已经开始了。1985年5月,罗伯特·辛西默(Robert Sinsheimer)在一次会议上提出,测出人类DNA分子中的所有碱基序列。那时,科学家们都认为这个想法不切实际或者根本不可能实现。当时装备最好的实验室每天大约能测序1000个碱基对,而据估计人类基因组超过30亿对碱基。

虽然如此,不过这个目标是如此鼓舞人心,所以拥护者不断涌现。美国能源部(DOE)就是第一个响应的。这个部门的其中一项工作是研究核能带来的健康风险,美国能源部的卫生与环境研究办公室主任查尔斯·德里斯(Charles Delisi)认为,了解一个正常人类基因组的全部序列有助于确定辐射带来的突变。因此,在1986年,德里斯宣布美国能源部将资助人类基因组测序及制图工作。美国卫生研究所(NIH)领导人詹姆斯·温嘉登(James Wyngaarden)和DNA结构的发现人之一沃森,也对可能的测序计划产生了浓厚的兴趣。

人类基因组计划1989年启动,沃森出任首届主任。这个项目计划耗资30亿美元,需要15年时间完成。这个项目的经费将会来自政府资助,虽然美国会主管并承担至少一半的工作，但是整个项目将由各国共同努力完成。基因组项目是生物学以“大科学”方式进行的首次冒险，这种规模庞大且需要多国政府通力合作的科研方式是物理学家探索原子世界的标志性方式。这个项目最终涉及 16 个测序中心，分布于美国、英国、法国、德国、日本和中国。

人类基因组测序中心

美国

加利福尼亚州，沃尔纳特克里克市（Walnut Creek）
加利福尼亚州，斯坦福（Stanford）
华盛顿州，西雅图市
得克萨斯州，休斯敦市（Houston）
得克萨斯州，达拉斯市
密苏里州，圣路易斯市
马萨诸塞州，剑桥市
马萨诸塞州，沃尔瑟姆市（Waltham）
纽约州，冷泉港

英国

剑桥郡（Cambridgeshire），因格斯顿（Hinxton）

中国

北京市

法国

埃夫里（Evry）

德国

布伦瑞克（Braunschweig）
耶拿（Jena）
柏林市

日本
东京市

基因猎手

1992年，沃森因与当时的美国国家卫生研究所主管伯那丁·希利(Bernadine Healy)意见不合而离开人类基因组计划。希利在物色新主任时，希望这个人要像沃森那样，是一位备受尊敬的科学家，能领导、协调和激励项目中的各个工作团队。最终，他选择了柯林斯。“柯林斯是一个绝佳的选择”，沃森在记录20世纪遗传学历史的《DNA：生命的奥秘》一书中提道。

领导一个历史性的项目显然与柯林斯儿时的梦想相距甚远。柯林斯的全名叫弗朗西斯·赛乐斯·柯林斯(Francis Sellers Collins)，1950年4月14日，他在维吉尼亚斯丹顿市(Staunton)出生，在维吉尼亚州雪伦多亚河谷(Shenandoah Valley)一个占地95英亩，没有任何室内管道的农场长大。柯林斯最初的梦想是戏剧或者音乐，而不是科学，因为那些是他父母的兴趣爱好。他的母亲写剧本，他的父亲是附近一所女子学院的戏剧教授，在自家农场里搭建的剧场内上演他母亲的剧本。柯林斯7岁时，就自编自导戏剧版的《绿野仙踪》(The Wizard of Oz)，他还会演奏好几种乐器。柯林斯的父母在家里给他上课，直到六年级，那时他在学业上比同龄的孩子领先两年。

长大后柯林斯渐渐疏远了艺术，对科学产生了兴趣。最初，与生物相比，他更爱好数学和物理，因为他觉得生物有些混乱和不可预见。1970年，他在维吉尼亚大学获得化学理学学士学位，1974年在耶鲁大学获得物理化学博士学位。不过，在耶鲁的一门生物化学课程，让柯林斯觉得生物学才是最吸引他的。他尤其喜爱遗传学，遗传学是“如此优美，如此合乎原理，如此数码化，如此数学”，他对记者达纳·威尔基(Dana Wilkie)说，那次采访2001年9月3日刊登在《科学家》(The Scientist)上。

放下物理，柯林斯到北卡罗莱纳大学医学院学习，1977年获得医学博士学位。他的专长是医学遗传学，研究引起疾病或与疾病有关的基因。20世纪80年代初，当他在耶鲁做相关的博士后工作时，他开发出一种名为“定位克隆”的技术，这种技术可以使找出致病基因的速度提高5—10

倍。利用柯林斯的方法，科学家们可以“跳过”一大段路程，而无需慢慢沿着 DNA 片段边“走”边找与基因有关的标记。

1984 年，柯林斯到安阿伯市的密歇根大学任助理教授，领导一个实验室寻找与遗传病有关的基因。在那里，他与一个加拿大小组合作，1989 年利用定位克隆技术共同发现了囊肿性纤维化致病基因，那个加拿大小组的负责人是在台湾出生的徐立之(Lap-Chee Tsui)。每 2000 个小孩中就有一个受到囊肿性纤维化影响，导致他们容易受到肺部感染，这常常造成小孩夭折。柯林斯还找出了几种罕见遗传病的致病基因，在亨廷顿症致病基因的发现过程中，柯林斯起了主要作用，第 5 章提到的威胁韦克斯勒家族的正是这种遗传病。

放牧一群猫

管理人类基因组计划需要一种特殊的领导才能，当柯林斯 1993 年接任这个项目的主任时，他证明自己有能力做好。柯林斯说服 HGP 合作中众多好争论的科学家们的能力有目共睹，这个说服过程，柯林斯后来的对手文特对《工业周刊》(Industry Week)的记者提姆·史蒂文斯(Tim Stevens)形容说就像“放牧一群猫”。这篇文章还引用了能源部科学办公室副主任亚里斯泰迪斯·帕特里诺斯(Aristides (Ari) Patrinos)的话说：“柯林斯……有领导一大群人的非凡才能。”柯林斯采用“自底向上”的领导风格，用技巧找出不同意见，再促成一致，例如安排主要测序中心领导之间的每周电话会议。

塞莱拉基因技术公司的创建人之一——文特，1998 年宣布这家私营企业可以比政府支持的项目更快更便宜地完成人类基因组测序。

在 20 世纪 90 年代初，人类基因组计划集中精力改进技术加速测序，降低成本，提高自动化程度。此外，研究人员开始绘制人类基因组草图，找出引导之后测序的标记。1995 年前后，各个中心还开始对遗传学中研究多年的比较简单的动物进行基因组测序，例如秀丽隐杆线虫。了解这些生物的基因本身就很有价值，还可以作为人类基因组的参考资料。

1998 年 5 月，那时只有 3% 人类基因组测序完成，人类基因组计划遇到麻烦了，就像沃森在《DNA：生命的奥秘》书中写到的“在分子生物学相当于一场地震”。一家新成立的私人公司塞莱拉基因技术公司(Celera Genomics Corporation)宣布，他们将在 2001 年完成人类基因组测序工作(也就是说比人类基因组计划的 2005 年计划提前 4 年)而且成本较低。

在越南的蜕变

塞莱拉基因技术公司发出挑战的幕后人物就是这家公司的主席兼首席科学官约翰·克雷格·文特(John Craig Venter)。柯林斯喜好皮革夹克和本田夜鹰 750 摩托车或许使人们对他在实验室之外的生活偶有小小的议论，但是文特给科学界和媒体“坏孩子”的印象则深入人心。

文特 1946 年 10 月 14 日生于犹他州的盐湖城(Salt Lake City)。他在旧金山附近体面的米尔布雷市(Millbrae)长大，但是他从未对“体面”感兴趣。他觉得学校很沉闷，成绩总是很差。当文特从高中毕业时，他的梦想是当一名冲浪运动员。

20 世纪 60 年代，文特应征加入美国海军并被派往越南参战，这段经历彻底改变了他。他在岘港(Da Hang)当海军看护兵，在一次采访中，文特告诉乔斯林·谢利姆(Jocelyn Selim)和戴维·尤因·邓肯(David Ewing Duncan)，他突然意识到“只要我有专业知识，我可以挽救人们的生命”，这次采访发表在 2004 年 12 月的《发现》上。他决定，如果自己在战争中幸存下来，会做一名医生，到发展中国家工作。

文特回到美国后，发奋学习，1972 年在加州大学圣地亚哥分校获得生物化学学士学位，1975 年获得生理学和药理学博士学位。他在《发现》的采访中说，他在本科时就发表第一篇科学论文并“开始创造主要的科学突破”。

就像柯林斯一样，文特也被遗传学迷住了，放弃行医转向研究工作。文特博士一毕业，省略了几年博士后工作，在布法罗市的纽约州立大学获得了自己的实验室。他在那里研究细胞表面的蛋白质受体、激素和其他物质通过它们与细胞通信。

测序的缺陷

文特1984年调往国家卫生研究所，对决定受体蛋白的基因碱基序列产生了兴趣。文特等不及大多数实验室采用的速度缓慢的测序技术，又没能说服他的上级购买新式的自动DNA测序设备，1986年，他用自己可自由支配的资金买了一台那样的设备。

文特自己动手进一步改进测序方法。文特的第一项改进建立在他1990年前后从英国分子生物学家西德尼·布雷纳(Sydney Brenner)那里学到的一项技术上。生物体基因组中只有一小部分含有功能性基因；DNA剩下的部分似乎都是随机序列，通常叫做“冗余DNA”(如果它有功能的话，至今还不为人所知)。当一个细胞准备制造蛋白质时，它只拷贝需要的DNA序列——基因——到指导蛋白质合成的信使RNA上。信使RNA因此可以代表大多数活动的DNA，或者说，将“冗余”剔除。利用一种逆转录病毒的酶，布雷纳细胞的信使RNA片段制成互补DNA(cDNA)拷贝，这个cDNA就可以测序并与已知基因库比较。文特和他在国家卫生研究所的一个进行博士后工作的马克·亚当斯(Mark Adams)发现，他们只需要测量每个cDNA片段的一小部分——大约500个碱基——就可以确定对应的基因。利用这些“已表达序列标志”，文特给起了名字，再加上一个电脑程序在基因库中检索，1990年，文特和亚当斯在脑细胞中找出了数百个基因。那时总共只知道3000个人类基因，当时那是一项引人瞩目的成绩。

1992年，文特离开国家卫生研究所，用风险投资家华莱士·斯泰因贝格(Wallace Steinberg)的资金，在马里兰建立了他自己的非赢利性的基因组研究所(Institute for Genomic Research 简称TIGR)。在那，文特发明了第二种新测序技术，他将基因打散成许多小片段，然后让设备读出这些片段的序列。最后用复杂的电脑程序依靠片段之间的重叠部分将它们重新排序。《财富》(Fortune)杂志的梅雷迪思·沃德曼(Meredith Wadman)说，文特命名这种方法为全基因组随机测序法，就像把20本百科辞典撕碎再重新拼起来。1995年，采用随机测序法，文特和诺贝尔奖得主汉密尔顿·史密斯(Hamilton Smith)首次对某种生物的整个基因组测序。这个180万个碱基对长的基因组是流感嗜血杆菌的基因组，这种细菌引起肺部和大脑感染(译者注：这种细菌常引起婴幼儿脑膜炎、肺炎等，最初被误认为是流行性感冒的病因，因此得名）。

虽然TIGR的工作人员没有人类基因组计划的工作人员多，但是文特在TIGR的成功说明他与柯林斯之间的一个共同之处：两人都是非常杰出的领导者。他们为自己的团队挑选最优秀的科学家，激励他们但不会过多地干扰他们的工作，文特和柯林斯对此都深感自豪。柯林斯在与组员的讨论中制定计划，而文特则与之不同，他在2000年12月告诉史蒂文斯，“我统筹全局，然后让他们（科学家们）放任自由，我信任他们的专业技能。”

“冗余DNA”

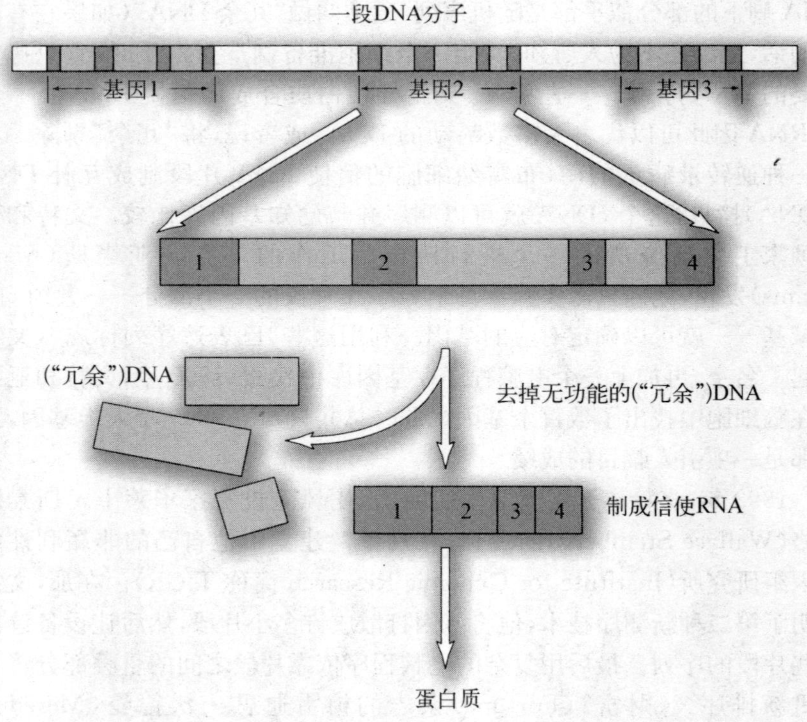

一个DNA分子的大部分编码并不制造蛋白质或执行任何已知的功能，因此，一些科学家称这些片段为“冗余DNA”。细胞在生成指导蛋白质合成的信使RNA时并不复制这类片段。布雷纳通过制作信使RNA的DNA拷贝，减少对“冗余”的测序，使基因组测序更简单。文特发现每个DNA拷贝只需测序其中一部分就可以确定基因。

科学成果：自动测序设备

英国剑桥大学的弗雷德里克·桑格(Frederick Sanger)和哈佛大学的沃尔特·吉尔伯特(Walter Gilbert)在20世纪70年代开发出第一代实用DNA测序方法,但是他们的方法速度慢且工作量大。在20世纪80年代早期,加州理工学院(Caltech)勒罗伊·胡德(Leroy Hood)实验室的两位科学家迈克尔·汉卡匹勒(Michael Hunkapiller)和劳埃德·史密斯(Lloyd Smith)发明了一种方法加速桑格法过程,并且大部分实现自动化。

汉卡匹勒与史密斯用4种染料标定DNA片段中的4种碱基,这些染料或者发荧光或者在激光下发光——每种染料对应一种碱基。因为碱基已经可以用颜色区分了,所以4种碱基都可以在一次测试中确定,相比之下,桑格的方法需要对每种碱基分别测试。这项改变使桑格技术的效率提高了4倍。除此之外,他们用一个电子眼采集颜色然后将图形信息直接传送到电脑。电脑有时已经用来处理桑格法的测试结果,但是测试数据必须手工键入,这一过程非常单调乏味且容易出错。

1983年,汉卡匹勒加入珀金-埃尔默集团旗下一家应用生物系统公司,这个公司开始制造他和史密斯设计的设备。文特在20世纪80年代末认识汉卡匹勒,那时文特对用机器做DNA测序很感兴趣。

汉卡匹勒觉得开办测序公司有可能赢利,并且为文特执着梦想的人类基因组测序所吸引,1988年,他邀请文特与他一同创建塞莱拉基因技术公司。那时,汉卡匹勒已经完成测序设备的重大改进。最后,塞莱拉公司和公共资助的人类基因组计划都采用了汉卡匹勒的设备。

文特1998年离开TIGR,与自动测序设备的技术发明者之一汉卡匹勒一起创建一家名为塞莱拉的新公司,“塞莱拉”一词在拉丁语中意为“加速”。几个月后,塞莱拉闪亮登场挑战人类基因组计划。这家公司计划通过整合文特的随机测试法、300台汉卡匹勒最先进的测序设备以及沃森(在《DNA:生命的奥秘》一书中)所说的“五角大楼外最专注的计算力量”,超越政府项目。

向终点前进

考虑到一家私人公司就能完成人类基因组测序，面临挑战，柯林斯等人类基因组计划的领导人重新考虑了这个计划的目标和时限。他们决定政府项目的目标从最初涵盖基因组90%的“绘制草图”转变为完整测序，全部工作也会在2001年完成，与塞莱拉宣布的时间相同。

在接下来的几年里，塞莱拉和政府项目组几次商议合作事宜，但是每次谈话都以破裂告终。双方的主要分歧在于获得的遗传信息如何发布这一问题。自1996年起，政府项目组在获得测序数据的24小时内将所有数据上传到互联网上一个公共资助的免费数据库中，对获取及利用这些信息没有任何限制。文特同意公开原始测序数据，但是他要求商业用户不得散布这些数据。据沃森在《DNA：生命的奥秘》一书中记录，塞莱拉还计划推迟3个月公布他们的数据，需要订阅才能提前取得。

大多数真正的测序工作（不是那些计算量巨大的将每个片段按正确顺序放回原位的工作）在1999年和2000年初完成，两个小组都争先恐后提前完成，在与克林顿政府商议后，2000年6月26日，人类基因组计划最初的测序及分析宣告完成。克林顿政府也曾施加压力要求柯林斯和文特至少暂时休战。帕特里诺斯在最后一分钟撮合了他们，两人都与克林顿一起出现在白宫东大厅（英国首相托尼·布莱尔（Tony Blair）通过卫星出现），宣布这项历史性的成就。这场竞赛，如果真是一场竞赛的话，官方宣布平手。

挑战性的项目

柯林斯和文特在白宫历史性的一天结束后继续活跃在各自的工作岗位上。柯林斯继续领导人类基因组研究所和一个主要研究确定致病基因的美国卫生研究所实验室。例如，柯林斯的小组2004年3月宣布，他们发现某个基因的变异似乎会增加2型糖尿病的发病概率，这种疾病常见于体重超重的老年人且后果严重。柯林斯获得了不少荣誉，包括当选为美国科学院院士，2003年，他获得美国能源部（DOE）部长金奖，这是美国能源部的最高奖项。

文特2002年1月离开塞莱拉。2004年10月，他建立了一所非赢利

社会效应：　　　　革命性的知识

柯林斯和文特之间不论有多少分歧，他们两人都赞同人类基因组计划（HGP）的价值。例如，在露辛达·M. 奥尼尔（Lucinda M. O'Neill）的一次采访中，柯林斯把这项计划称为"有史以来人类最重要的生命科学计划"，那次采访发表在2002年10月《非常父母》（Exceptional Parent）。

两个领导者都反复强调，希望破解人类基因组密码可以革新医药。起初，基因组序列的知识可以大大加快人们找出遗传变异的速度，遗传变异或者会引起遗传病或者与一些常见疾病有关，例如心脏病和癌症。科学家一旦了解了与某种疾病有关的基因、蛋白质和相关过程，就可以设计药物修补或替换蛋白质而不伤害细胞，因此没有副作用，正如现在许多药物一样。几种这类靶向药物已经进入市场，还有多种正在设计测试中。

柯林斯和文特相信，从人类基因组计划中获得的知识也将改进医生处理每个患者的方式。他们说，10年、20年后，人们将能完整读出个人基因组信息，可能在出生时就可以拿到这份信息。这种信息能提示人们患上某种疾病的概率超过平均水平，个人就可以采取措施预防这些疾病。例如，某人遗传了一个会增加癌症概率的基因，那么他可以常做这种疾病的检查，以便及早发现。携带心脏病基因的人可以尝试健康饮食和有规律的锻炼。如果一个人生病了需要治疗，患者的基因概况将有助于帮助医生选择对他个人最有效、副作用最少的药物。

同时，柯林斯和文特都表示关注人类基因组信息的滥用及误解。确实，自人类基因组计划启动以来，科学家们一直担心这类问题。人类基因组计划预算中最初的3%和最后的5%都用于分析这个项目产生的信息涉及的伦理、法律和社会影响。两人极力敦促国会通过立法禁止保险公司和雇主因遗传组成歧视他人之类的事件发生。文特和柯林斯还提醒公众，基因并不能完全决定一个人的健康和行为。环境因素和个人选择与基因在塑造个人生活方面同样重要。

性研究所J.克雷格·文特基金会,2005年1月他又建立了一家商业企业合成基因技术公司。与柯林斯一样,文特也当选为美国科学院院士并获得一些荣誉。美国费城科学信息研究所,通过其他研究人员引用论文数量为科学家排名,他们确认文特在分子生物学家中排名位于前0.05%。

文特现在的研究项目与他之前的所作所为一样让人吃惊。其中一个项目计划创造一种合成细菌,首先组合大约300个基因DNA片段,这些基因是生命过程所必需的,然后将它们插入已经去除了本身遗传物质的细菌中。文特设计这种基本细菌是希望它在环境方面有多种用途,例如,清理核废料、制造氢燃料。

文特还驾驶他的游艇"魔法师Ⅱ"周游世界,每20英里便采集一次海洋微生物样品,然后运回他的研究所采用随机技术测序。他发表了2003年初在百慕大群岛(Bermuda)对马尾藻海(Sargasso Sea)的一次航海项目结果,通常认为那个海域里的生物品种相对较少,结果他的团队在样品中发现1800种新生物和120万个新基因——这个数字是地球已知生物基因数的10倍。

终点与起点

2003年4月,沃森和克里克发表DNA结构文章50周年纪念之际,人类基因组计划宣布完成人类基因组测序的完成图。不过,参与测序的所有科学家都知道解读这座数据大山关键性的工作才刚刚开始。

基因组分析已经给人们带来一些惊喜。其中最重要的一个可能是人类基因的数量似乎远少于科学家最初估计的——少于2.5万个,项目开始时估计的数字是10万。另一方面,基因看起来比预期的更"全能"。数十年来,科学家相信每个基因只制造一种蛋白质,但是现在发现许多人类基因至少生成3种蛋白质。

柯林斯和文特与两人领导的机构中,约数百人在破译人类基因组密码中起了重要作用,他们共同分享了荣誉。同样,公共组织和私人组织,科学团队的缔造者和爱冒险的个人主义者,能协调不同意见的人和天马行空的梦想家,肯定都是将来收获伟大发现所必需的因素。

生平年表

1946年	10月14日，文特生于犹他州盐湖城
1950年	4月14日，柯林斯生于维吉尼亚斯丹顿
20世纪70年代中	桑格和吉尔伯特发明第一代实用DNA测序技术
1974年	柯林斯获得耶鲁大学物理化学博士学位
1975年	文特获得加利福尼亚大学圣地亚哥分校生理学和药理学博士学位
1977年	柯林斯获得北卡罗来纳大学医学博士学位
20世纪80年代初	柯林斯开发定位克隆技术，这种技术加快致病基因定位速度 汉卡匹勒等人研发基因自动测序设备
1984年	柯林斯到安阿伯市的密歇根大学工作 文特到国家卫生研究所工作
1985年	5月，辛西默提出确定完整的人类基因组碱基序列
1986年	美国能源部宣布将会资助人类基因组测序及制图工作
1989年	人类基因组计划启动，沃森任主任 柯林斯和徐立之领导的小组确定引起囊肿性纤维化致病基因
1990年	文特和亚当斯发明已表达序列标志技术并利用这种技术在脑细胞中找到数百个新基因
20世纪90年代	人类基因组计划改进测序技术并在90年代初开始人类基因组制图工作 文特发明全基因组随机测序法
1992年	沃森辞去人类基因组计划主任一职 文特利用斯泰因贝格的风险投资，在马里兰建立遗传研究所(TIGR)

1993 年	柯林斯接任人类基因组计划主任一职
1995 年	文特的小组首次测定一种生物流感嗜血杆菌的完整基因组
1998 年	1 月，文特离开 TIGR，与汉卡匹勒组建塞莱拉基因技术公司 5 月，塞莱拉宣布 2001 年将完成人类基因组测序，比人类基因组计划更快、更便宜
1999—2000 年	公共项目和私人项目大部分测序和按顺序组合工作完成
2000 年	6 月 26 日，在白宫的一次典礼上，美国总统克林顿在柯林斯和文特的陪同下宣布人类 DNA 序列的草图基本完成
2002 年	1 月，文特离开塞莱拉建立 3 个非赢利性研究所
2003 年	4 月，沃森和克里克发现 DNA 结构 50 周年纪念之际，人类基因组计划领导人宣布完成人类基因组序列的最终版本
2004 年	3 月，柯林斯的实验室宣布确认导致罹患 2 型糖尿病风险增加的基因变异 3 月，文特发表 2003 年一个项目的结果，在对马尾藻海采集的微生物样品测序后，发现 1800 种新生物和 120 万个新基因

扩展阅读

图书：

凯文·戴维斯(Davies, Kevin)，《美妙的基因组》(Cracking the Genome)，纽约：自由出版社/西蒙和舒斯特，2001 年。回顾通向人类基因组计划的分子生物学进展、技术上的区别以及公共(政府)和私人(商业)两派在如何利用遗传信息上的分歧。

尼古拉斯·韦德(Wade, Nicholas)，《生命凭证：人类基因组发现将如何改变医疗巩固你的健康》(Life script: How the Human Genome Discoveries Will Transform Medicine and Enhance Your Health)，纽约：试金石图书(Touchstone Books)，2002 年。这本书中的文章主要是刊登在《纽约时代》上的文章，记录人类基因组

解码竞赛和人类基因组提供的信息可能造成的医学和社会影响。

詹姆斯·D. 沃森(Watson, James D.),《DNA：生命的奥秘》(DNA: The Secret of Life),纽约：阿尔弗莱德·A. 诺普夫公司,2003 年。其中有一章描写人类基因组计划,包括这个项目启动和沃森所起的作用。

英格里德·威克格伦(Wickelgren, Ingrid)。(The Gene Masters),纽约：时代图书/亨利·霍尔特(Times Books/Henry Holt),2002 年。主要记录柯林斯领导的公共人类基因组计划与文特领导的私人风险投资项目之间的竞争。

文章:

弗朗西斯·柯林斯(Collins, Francis)和维克托·A. 麦克库西特(Victor A. McKusick),《人类基因组计划的医学含意》(Implications of the Human Genome Project for Medical Science),《美国医学学会期刊》(Journal of the American Medical Association)285(2001 年 2 月 7 日)：第 540 页。描写人类基因组计划,包括它的重要意义、还没完成的工作以及它对主流医学和实验性医学的含义。

弗雷德里克·戈尔登(Golden, Frederic)和麦克·D. 莱莫尼克(Michael D. Lemonick),《竞赛结束》(The Race Is Over),《时代》,2000 年 7 月 3 日,第 12—17 页。分析人类基因组草图完成的公告及推动这个计划完成的事件。

《国际联盟完成人类基因组计划》(International Consortium Completes Human Genome Project),《基因学与遗传学周刊》(Genomics & Genetics Weekly,2003 年 5 月 9 日),第 32 页。国际人类基因组测序协会宣布比最初计划提前两年成功完成人类基因组的“完成图”。

戴维·克雷默(Kramer, David),《人类基因组研究所主任柯林斯访谈》(Q & A: Human Genome Research Institute Director Francis Collins),《科学与政府报告》(Science and Government Report),30(2000 年 6 月 15 日),1ff 页。对柯林斯的采访,讨论与塞莱拉的竞争,人类基因组测序可能带来的正面效应和负面效应以及人类基因组计划数据的后续研究工作。

新闻办公室(Office of the Press Secretary),《美国总统、英国首相布莱尔(通过卫星)、美国国家人类基因组研究所主任柯林斯博士和塞莱拉基因技术公司主席兼首席科学官文特博士在人类基因组计划框架图完成时的讲话》(Remarks by the President, Prime Minister Tony Blair of England (via satellite), Dr. Francis Collins, Director of the National Human Genome Research Institute, and Dr. Craig Venter, President and Chief Scientific Officer, Celera Genomics Corporation, on the Completion of the First Survey of the Entire Human Genome Project),M2 新闻(M2 Presswire),2000 年 6 月 30 日,n. p.。2000 年 6 月 26 日宣布人类基因组框架图完成时的讲话。

露辛达·M. 奥尼尔(O'Neill, Lucinda M.),《采访人类基因组计划主任医学博士、哲学博士柯林斯》(An Interview with Francis Collins, MD, Ph. D., Director of the Human Genome Project),《非常父母》(The Exceptional Parent),32(2002 年 10 月),第 28—31 页。柯林斯谈论这个计划的含义,特别是专利问题。

乔斯林·谢利姆(Selim, Jocelyn)和戴维·尤因·邓肯(David Ewing Duncan),《基因专家从大海中筛选生命》(Gene Savant Sifts Life from Seas),《发现》2004 年 12 月,第 18—19 页。对文特的简短采访,主要讨论他从世界海洋中抽取微生物样品的计划。

提姆·史蒂文斯(Stevens, Tim),《生命之书的作者》(Authors of the Book of Life),《工业周刊》(Industry Week),2000 年 12 月 11 日,第 47 页。人类基因组计划的概述,包括柯林斯和文特的个性及竞争。

《J. 克雷格·文特》(Venter, J. Craig),《当代人物传记年鉴(1995)》,第 573—577 页。纽约: H. W. 威尔逊,1995 年。文特截至 TIGR 之前的经历,包括采访节选。

梅雷迪思·沃德曼(Wadman, Meredith),《生物学坏男孩归来》(Biology's Bad Boy Is Back),《财富》,2004 年 3 月 8 日,166ff。概述文特在人类基因组测序竞赛后的工作,重要讨论他创造合成生命的尝试。

达纳·威尔基(Wilkie, Dana),《热情的科学家,精明能干的代言人》(Ardent Scientist, Savvy Advocate),《科学家》(The Scientist),2001 年 9 月 3 日,1ff 页。对柯林斯的采访和简略传记。

网站:

美国国家人类基因组研究所(National Human Genome Research Institute NHGRI)。这个研究所是美国国家卫生研究所的分支机构之一,管理人类基因组计划和相关研究。它的网站有这个计划的各种相关资料。例如,政策和伦理部分有遗传信息隐私权、保险与就业中的基因歧视、商品化与专利、案件的 DNA 鉴定的和遗传学与法律的相关材料。http://www.genome.gov。这个计划的伦理、法律和社会影响研究项目(ELSI)有独立的网页,http://www.genome.gov/10001618。2004 年 12 月 28 日访问。

学科发展年表

1859 年	达尔文《物种起源》一书出版
1866 年	孟德尔讨论性状遗传的论文发表
1900 年	3 名科学家独立地重复出孟德尔的工作
1906 年	贝特森创造“遗传学”一词
1910 年	摩尔根的实验室证明基因位于细胞核内的染色体上
1944 年	埃夫里证明细菌的遗传性状可以通过将它们暴露在纯 DNA 中改变，为 DNA 分子携带基因信息提供强有力的证据
1952 年	布里格斯和金通过体细胞移植克隆青蛙，这种技术后来用于克隆哺乳动物
1953 年	4 月 25 日，沃森和克里克解释 DNA 分子结构的论文刊登在《自然》杂志上 5 月 30 日，《自然》杂志刊登沃森和克里克的第二篇文章，提出了一套 DNA 分子自我复制机制
1955 年	克里克和布雷纳提出 DNA 的碱基序列编码制造蛋白质所需的信息，密码的每个“字”是一组特定序列的 3 碱基 克里克和布雷纳提出 DNA 通过媒介分子 RNA 控制蛋白质合成的机制
1960 年	迈克库鲁奇和蒂尔在成年小白鼠中找到造血干细胞
1961—1965 年	尼伦伯格等人解开基因编码 64 个“字”的意义

1973年	波意尔和科恩重组DNA,并证明重组后的DNA插入细菌后可以制造蛋白质,由此发明基因工程
1975年	2月24—27日,140位分子生物学家在美国加利福尼亚阿斯洛马集会,制定重组DNA实验的安全条例
1976年	国家卫生研究所制定重组DNA研究安全标准,建立重组DNA管理委员会评估计划进行的实验 波意尔和斯沃森建立基因技术公司,基于基因工程的首家公司 毕晓普和瓦穆斯找到一个与致癌基因很相似的正常细胞基因,推断致癌基因起源于细胞本身而非来自病毒
20世纪80年代末	沃格斯坦发现结肠癌至少与4个基因突变有关
1980年	第一只基因工程哺乳动物(小白鼠)诞生 美国最高法院宣布经人类改造的生物可以获得专利权
1981年	温伯格找到第一个人类致癌基因 埃文斯和考夫曼从小白鼠胚胎中分离出干细胞并在实验室中培养
1982年	基因技术公司的重组人类胰岛素上市销售 第一批基因工程植物诞生
1984年	亨廷顿症联合研究小组利用标记(RFLPs)确定亨廷顿症致病基因位于4号染色体短臂末端附近
1986年	弗兰德找出第一个肿瘤抑制基因Rb
1987年	春季,林道进行首次向环境中释放转基因生物(细菌)实验
1989年	人类基因组计划启动,沃森任主任 柯林斯和徐立之领导的小组确认囊肿性纤维化致病基因 5月22日,罗森堡首次将外源基因插入人类基因中
1990年	文特和亚当斯发明已表达序列标志技术,加快基因定位 9月14日,安德森的小组对德西瓦施行首次基因疗法治疗

1993 年	韦克斯勒等人确定亨廷顿症致病基因 凯尼恩发现两个基因突变是线虫寿命延长 1 倍的主要原因 柯林斯接管人类基因组计划
1995 年	文特的实验室首次测出某种生物(一种细菌)的基因组 7 月,威尔默特的实验室用培养细胞克隆羊 8 月,汤姆森宣布从恒河猴中分离出胚胎干细胞
1996 年	7 月 5 日,威尔默特实验室用成熟成体细胞克隆的多利羊出生
1997 年	2 月 22 日,有关多利羊的第一篇新闻报道刊登 7 月,威尔默特小组宣布波利出生,这只羊既是克隆体也是转基因动物
1998 年	5 月,文特的塞莱拉基因公司宣称将比人类基因组计划更快更低成本的完成测序工作 11 月 26 日,汤姆森发表文章,宣布他的实验室已经在培养皿中培养人类胚胎干细胞 5 个月
1999 年	8 月,伯特利科斯宣布发明金水稻,这种作物通过转基因技术产生维生素 A 前体,因此可以用于预防和治疗发展中国家的维生素 A 缺乏症 9 月,盖辛格因一次基因疗法治疗死亡
2000 年	6 月 26 日,美国总统克林顿在柯林斯和文特的陪同下宣布人类基因组序列草图完成
2001 年	8 月 9 日,美国总统布什宣布美国的政府资助可以用于已有的人类胚胎干细胞细胞系研究,但是不资助新细胞系研究
2002 年	年初,两组科学家通过改变小白鼠体内类似凯尼恩在线虫中发现的类似基因,使小白鼠寿命延长
2003 年	凯尼恩创造出寿命是正常线虫 6 倍的线虫,这些线虫在生命中的大部分时间内健康且充满活力 4 月 25 日,沃森和克里克发表解开 DNA 结构的论文 50 周年纪念日,人类基因组计划的科学家宣布人类基因组序列的完成

译者感言

翻译这本书真是一个有趣的过程，DNA、基因、克隆、干细胞、多利羊等等一连串“神秘莫测”的新鲜词汇在笔下一一流过，这个炎热的夏季因此充实丰富。遗传学的许多研究课题与我们每个人息息相关，而研究进程仿佛就是把科幻小说的情节搬到现实舞台上演。当詹姆斯·D. 沃森和弗朗西斯·克里克洞察到大自然采用精巧的双螺旋结构传承生命信息后，遗传学在短短几十年间迅猛发展，遗传病和癌症的发病机制逐渐明朗，基因疗法和干细胞研究已经起步；长生不老不再是神仙的专利，至少某些基因改造后的线虫能健康地享有普通同胞几倍的寿命；转基因食物其实也不是“洪水猛兽”，金大米既能填饱肚子又能补充维生素，何乐而不为呢？健康长寿越来越简单，越来越真切。难能可贵的是，本书在介绍这些令人欢欣鼓舞的科技成果的同时，也没有忘记讨论随之产生的社会、伦理、环境等其他问题，遗传学的相关研究成果无疑是现在争议最多的领域之一。科学技术能解决许多问题，但很遗憾，科技并不是所有问题的万灵药，有时，它的副作用也不容忽视。

在这里，我要感谢经光银、倪鸣和刘熙励三位朋友的帮助。经光银在百忙中抽出时间给了我不少建议，倪鸣和刘熙励提供的专业帮助扫清了我所有的疑惑，谢谢你们。我衷心希望这本书能为读者朋友们打开一扇通向科学世界的窗口，一窥遗传学动人的风景。

邹晨霞

2007 年秋于北京大学